할매는
파리여행으로
부재 중

할매는 파리 여행으로 부재 중

초판 1쇄 2017년 3월 20일
　　　3쇄 2022년 3월 14일

지은이 김원희

발행인 주은선
펴낸곳 봄빛서원
주　소 서울시 강남구 강남대로 364, 13층 1326호
전　화 (02)556-6767
팩　스 (02)6455-6768
이메일 jes@bomvit.com
페이스북 www.facebook.com/bomvitbooks
인스타그램 www.instagram.com/bomvitbooks
등　록 제2016-000192호

ISBN　979-11-958420-2-5　03980

이 도서의 국립중앙도서관 출판예정도서목록(CIP)은 서지정보유통지원시스템 홈페이지(http://seoji.nl.go.kr)와
국가자료공동목록시스템(http://www.nl.go.kr/kolisnet)에서 이용하실 수 있습니다.(CIP제어번호: CIP2017005131)

젊은 언니의 유쾌발랄 프랑스 정복기

할매는
파리여행으로
부재 중

김원희 지음

봄빛서원

50대 초반, 한 친구의 주선으로 남들 다 간다는 유럽여행이란 걸 가려고 계를 부었다. 수년 동안 착실히 넣은 곗돈으로 오십 하고도 반을 넘은 나이에 난생처음 유럽이란 곳을 여행하게 되었다.

한국인 가이드의 인솔 하에 다녀온 5개국, 9박 11일 유럽여행.

현지에 도착해서 돌아올 때까지 행여나 가이드를 놓칠까 봐 가이드 깃발만 보고 따라다녔다. 마음 설레며 기다렸던 해외여행이었다. 현실에, 살림에 찌들었던 생활에서 벗어나 짧은 시간이나마 자유로움을 만끽하고 낯선 나라, 낯선 사람, 낯선 분위기를 느끼게 될 거라는 기대와는 전혀 달랐다. 비행기 안에서도, 마음 설레며 기다려왔던 여행지에 도착해서도, 낯선 나라를 첫 대면하는 순수한 호기심, 그 나라 특유의 바람과 하늘과 공기들, 그런 것이 몸에 확 와 닿지 않았다.

왜? 내 주위 반경 1미터 안에는 모두 한국 사람들이었으니까. 그동안 모임 때마다 만났던 친구들, 친구의 친구들, 거기에 여행사를 통해서 온 한국 아저씨, 아줌마 40여 명이 모여 함께 떠나니, 꼭 연수 수준이다. 우르르. 좀 더 편하고 좋은 자리를 차지하려고 준비된 대형버스에 재빠르게 올라탄다. 그러나 14시간의 비행에 시차 적응까지 하느라 버스만 타면 이내 잠이 몰려온다. 그러다 보니 버스 안에서 열심히 설명하는 가이드의 안내 소리는 혼자만의 노래가 되어버린다.

차가 정차하면 졸린 눈을 비비며, 우르르 내려 가이드를 둘러싸고 장소에 대한 설명을 듣는다. 열심히 영자야 숙자야 이곳에 서라, 저곳에 서라 하면서 사진 찍고, 버스 놓칠세라 시간 맞춰 부지런히 화장실 다녀오고, 또 버스 타고 이동. 버스 안에서는 함께한 다른 일행들과 통성명하고, 한국에서 들고 간 몇 가지 과자랑, 사탕을 인정스럽게 나눠 먹으며 차창 밖으로 보이는 이국 풍경에 한동안 와!

하지만 그것도 잠시. 몇 시간을 줄곧 달리기만 하는 버스 안에서의 무료함을 달래며 옆에 앉은 짝지와 귓속말로 비밀스러운 정담을 나눈다. '저 앞에, 앞에서 네 번째 앉은 아줌마가 입은 옷, 요즘 백화점에서 세일하던데 얼마면 사겠더라.', '여행 오면서 저런 옷차림으로 오나?', '저 아줌마는 매일 옷을 갈아입고 나오네.', '저 커플은 부부

5

같아? 분위기가 좀 다르지?' 등등 발동하는 호기심.

우리 세대에게 여행이란 것이 일단 비행기를 타고 한국 땅을 벗어나는 것 자체만으로 정의된다면 이 정도로 괜찮지만, 내가 생각하는 여행은 이게 아니었다. 여행전문가들이 하는 수준까지야 아니더라도, 최소한 늘 하던 습관적인 행위에서 벗어난 새롭고 독립적인 행위가 들어 있어야 여행이다. 이때부터 독립된 행위를 할 수 있는 자유여행을 꿈꾸기 시작했다.

인생 육십, 이제야 길이 보이네.

'뜻이 있으면 길이 있다.'라는 격언은 그냥 있는 말이 아니다. 강한 바람은 행동을 수반한다. 내 자유여행의 강렬한 바람은 손주를 보게 된 육십에 이루어졌고, 손자가 둘이 된 이 시점까지 진행되고 있다. 평균수명 100세 시대라 해도, 3분의 2는 지나온 인생이다. 진자리, 마른자리, 손발이 다 닳도록 고생하며 키운 자녀들은 모두 성인이 되어 더 이상 부모의 손길과 잔소리를 그리워하지 않는 나이에 이르렀다. 얇은 월급봉투에 목을 매고 안달하며 한 푼이라도 쪼개어 내 집 장만하려고 혼신의 힘을 기울여 이루어 낸 가정도 이제는 그 노력이 너덜너덜 오래된 가방처럼 쓸모없어져 구석방 한구석에 쑤셔 넣은 것과 같은 그런 나이다.

스스로 그 시점을 깨닫는 순간이 바로 육십이 아닐까. 그것을 깨닫는 순간 하늘길이 보이고, 바닷길이 보이고, 저 멀리 끝없이 이어져 있는 산천 곳곳의 오솔길들이 보인다.

내 남은 인생, 저 길들을 가 보리라. 누구에게 떠밀리지 않는, 시간에도 떠밀리지 않는, 나만의 시간으로 나만의 걸음으로.

이 책을 읽는 젊은 친구들, 내 또래, 혹은 인생 선배들 모두 한 번뿐인 인생이 즐거운 여행과 그 추억으로 가득하길 바란다.

김원희

Contents

다시 찾은 프랑스

진정한 여행은 그 땅을 축복하는 것

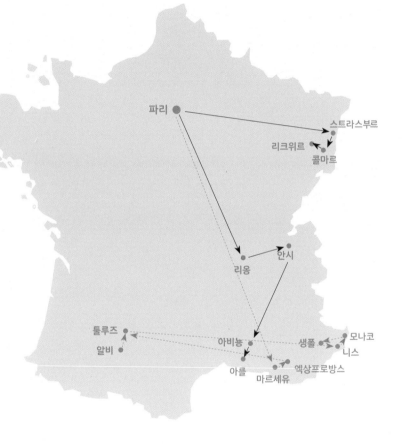

FRANCE

할매의 여행 루트

파리

스트라스부르

리크위르
콜마르

안시

리옹

툴루즈
알비

아비뇽

생폴
모나코
니스

아를
마르세유
엑상프로방스

━━━▶ 1차 여행

- - -▶ 2차 여행

*스트라스부르에서 남부로 가는 코스는
열차 편이 없어서 파리에서 환승하여 이동함

Travel Story 01

여행 시작

여행을 가기로 마음먹고
비행기를 타다

Can you speak English?

　여행을 가기로 마음을 먹고 처음 행동으로 옮긴 일은 벽 한 면을 차지할 만큼 큰 세계지도를 산 것이다. 학교 다닐 때 지리시간에 본 이후 처음 펼쳐 본 세계지도다.

　지도 위 수많은 나라 중에서 프랑스를 찍었다. 내가 읽은 수많은 책과 영화의 배경이 된 곳, 내 젊은 날 모든 여성의 연인이었던 알랭 드롱이 살았던 나라. '계약결혼'이란 신조어를 탄생시킨 자유연애의 최고수 '보부아르와 사르트르'가 살았던 나라. 여고 시절 누구나 입에 올리며 낭만을 꿈꿨던 시 '미라보 다리'와 센 강의 나라. 가난한 예술가들이 즐겨 안착하는 다락방이 모여 있다는 곳, 피아니스트 백건우의 아내가 된 영화배우 윤정희도 가수 정미조도 유학 후 첫 둥지를 틀었다는 몽마르트 언덕과 캉캉춤의 본산지 '물랭루즈'가 있는 곳. 하늘

을 찌를 듯 우뚝 솟아 있는 에펠탑. 값비싼 명품 가방 루이뷔통과 샤넬 향수의 원산지. 예술의 도시, 유행의 도시, 패션의 도시, 명품의 도시로 나의 머릿속에 박혀 있는 멋진 나라 프랑스. 그곳에 가기로 했다.

여행 출발 전 의기투합한 두 부산 할매는 여행 준비를 위해 서너 번의 미팅을 가졌다. 한 할매는 자칭 백수라며(이 나이에 백수 아닌 게 이상하지) 남는 시간에 부산에서 꽤나 이름 있는 영어학원에 주 5일 공부하러 다니고, 한 할매는 주 1일 주민센터에서 영어를 공부했다. 이 짧은 영어로 두 할매는 자신 있게 프랑스 여행을 추진했다.

만나면 각자 자기 영어 선생님 자랑에 열을 올렸다. 친구의 영어 선생님은 30대 남자인데, 어찌나 빡빡하게 수업을 하는지 정확하게 문장을 구사해야 바른 영어를 할 수 있다며 정관사나 관사 하나라도 빠트리지 않고 완벽한 문장을 가르쳐 주신단다. 그에 비해 내 영어 선생님은 여자인데, 정관사나 관사 그런 건 별로 중요하지 않다고 했다. 회화에서는 특정 포인트 단어가 중요하다는 걸 강조하셨다. 자기가 아는 평범한 단어만으로도 얼마든지 소통할 수 있으니 문장에 얽매이지 말라는 스타일이다. 그렇게 서로 다른 스타일을 두고 자신의 영어 수업이 더 좋은 거라며 열을 올리고 토론하기도 했다. 특히 내 친구는 발음이 중요하다며 "'워터'라고 하면 외국인은 절대 못 알아듣는다. '워~러~ㄹ'라고 해야 한다."고 혀를 굴리며 강조하곤 했다. 그러면서 둘 다 그동안 배운 영어를 여행하면서 '쪼매 써먹어야 할 낀데.' 하며 벼르기도 했다. 이렇게 대책 없는 두 할매가 용기만 가지고 프랑스로 날아갔다.

항공권을 예약할 때부터 티격태격했지만 결국 선택한 건 조금이라도 값이 싼 중국 남방항공. 가뜩이나 마땅찮았던 중국 남방항공이 벌써부터 티를 낸다. 출발 전부터 30분 늦게 출발한다고 한다. 그것까지는 좋은데, 기내에 탑승하고서도 요지부동이다. 1시간 이상 지체하더니 환승 지역인 광저우에서 파리로 출발할 때 또다시 1시간 정도 늦게 출발이다.

인천에서 출발한 비행기가 광저우 상공을 날고 있을 때쯤 친구는 영어를 써 봐야겠다 싶었는지, 아님 진짜 목이 말랐는지 스튜어디스를 부르곤 '워~러~ㄹ'를 주문했다. 친절하게 '워~러~ㄹ'를 가지고 온 스튜어디스에게 조심스레 다시 묻는다. 아니 이 할매가 무슨 말을 하려고 저러나 싶어서 귀를 세우고 집중했다. 분명 영어는 영언데 무

내 입에서 "풋" 하고 웃음이 튀어나오고,
　　사태를 알아차린 친구도 뒤늦게 비실비실
웃음을 지어 낸다. 영어로 열심히 말하고 있는데
　　　"캔 유 스피크 잉글리시?"라니.

슨 말인지 나도 이해할 수가 없다. '와이', '레이트' 등등의 단어가 단
발적으로 귀에 들어왔다. 보아하니 왜 비행기가 늦게 떴냐고 묻는 것
같다. 한참 듣던 스튜어디스가 우리를 중국인으로 알았는지 중국어
로 "@!#$%^&*" 하더니, 아니다 싶었는지 조심스럽게 다시 묻는다.
"Can you speak English?" 순간, 옆에서 두 사람 말을 듣고 있던 나는
멍, 친구도 멍! 내 입에서 "풋" 하고 웃음이 튀어나오고, 사태를 알아
차린 친구도 뒤늦게 비실비실 웃음을 지어 낸다.

영어로 열심히 말하고 있는데 "캔 유 스피크 잉글리시?"라니. 친구
는 무안함에 한마디 한다. "중국 아~아들은 정말로 영어 못하네. 내
말을 하나도 못 알아듣는갑다!" "그러니까 다음에는 혀를 조금만 굴
려. 많이 굴리니까 못 알아듣지." 나도 점잖게 조언을 했다. 지금 생각
해도 웃음이 나서 눈에 눈물이 고인다. 그렇게 두 할매는 연착 3시간
까지 합해 도합 27시간 만에 파리 샤를 드골 공항에 내렸다.

할매의 Travel Tip

여행을 가기로 했으면 시간을 끌지 않는다. 망설임은 포기로 이어진다. 명심할 점이 있다. 서툰
영어를 사용한다고 해서 현지인들이 우리를 무시하거나 얕보지 않는다는 것이다. 여행을 할 때
만나는 사람들은 호텔, 레스토랑, 카페 등 대체로 서비스업에 종사하는 사람이다. 자신의 직업
에 충실하고 고객에게 친절하다. 짜증내지 않고 몇 번을 반복해서 되물으며 우리 의도를 알아차
린다. 물론 일부 그렇지 않은 사람을 만날 수도 있겠지만 생각보다 많지 않다.

꿈에 그리던
파리 입성

비행기에서 내려 남방항공의 게이트인 2E 터미널도 잘 찾아갔고, 민박집에서 가르쳐 준 하얀색 에어프랑스 리무진 타는 곳도 잘 찾아갔다. 민박집에서는 공항에서 개선문까지 바로 오는 하얀색 리무진 (Les Cars)을 타면 된다고 했는데, 하얀색 리무진은 개선문만 가는 게 아니었다. 탈 때 반드시 기사에게 확인하고 타야 한다. 자칫 다른 곳에 가는 하얀색 리무진을 탈 뻔했다. 기사에게 "Étoile?" 하고 꼭 확인하는 게 좋다. 기사가 고개를 끄덕이면 요금을 내고 타면 된다. 40여 분 지나 창문 너머로 시가지가 보인다. 개선문도 눈에 들어온다. 모든 사람이 버스를 내릴 때 우리도 내렸다.

에투알(Étoile)은 별이란 뜻으로, 개선문 광장의 방사형으로 뻗은

12개 도로가 마치 별과 같은 모양을 이루고 있다고 해서 지어진 이름이다. 전에는 에투알 광장이라 불렸는데, 제2차 세계대전의 영웅이자 5공화국의 초대 대통령인 샤를 드골의 이름을 따서 1970년에 샤를 드골 광장으로 개칭되었다. 지금도 에투알 광장이라고 부르는 사람이 적지 않다.

공항에서 출발한 하얀색 리무진의 종점은 개선문이 보이는 바로 건너편 대로였다. 민박집으로 가기 위해서는 여기서 택시를 타야 하는데 택시 승강장이 보이지 않는다. 지나가는 행인에게 다가가 조심스럽게 물었다. "익스큐즈 미, 웨어 이즈 더 택시 스탑?" 친구가 얼른 소매를 붙잡더니, 아니란다. "택시 스테이션" 하고 고쳐 묻는다. 행인이 손으로 가리키는 쪽으로 가니 택시가 몇 대 서 있다. 제일 앞에 서 있는 차가 유난스레 크고 럭셔리해 보인다. 상대적으로 그 뒤의 차는 작아 보인다. 할매들은 걱정스러웠다. "차가 유난히 크네. 택시비가 더 비싼 고급택시인가?" 우리는 뒤차로 갔다. 그랬더니 택시 기사가 앞차로 가라고 손짓을 한다. 우리는 또 물었다. 앞차와 뒤차를 손짓으로 가리키며 "Same Price(같은 요금이야)?"

우리를 태운 검은색 피부의 잘생긴 젊은 기사에게 민박집 주소가 적힌 쪽지를 보여주자 멀지 않은 곳이라 하며 공손한 태도로 짐을 실어준다. 10여 분을 못 가서 민박집 정문 앞에 우리를 내려준다. 미리 알고 간 정보대로 기사에게 '쌩큐'를 연발하며 팁으로 2유로를 줬다. 프랑스 파리에서의 첫걸음은 비교적 순조로웠다.

할매의 Travel Tip

지역 이름, 도시 이름, 숙소 이름, 공연장 등 여행에 필요한 장소는 현지어로 적어간다. 발음이 틀리면 못 알아듣는 경우가 많다. 메모해 간 것을 보여주면 목적지를 쉽게 찾아갈 수 있다.

한국에서 온
부산 할매를 놀라게 한 것은

공항에 도착해 파리 시내로 들어갈 때, 처음 눈에 들어온 것은 개선문이 아니었다. 야경이 멋있다는 파리의 상징 에펠탑도 아니었다. 수많은 다리와 유람선이 떠 있는 센 강도 아니었다. 세계 최대 미술품을 소장하고 있다는 루브르 박물관도, 기차역을 개조했다는 오르세 미술관도 아니었다. 정말 가보고 싶었던 오페라 하우스도 아니었고, 가난한 예술가들의 아지트로 유명한 몽마르트도 아니었고, 엄청난 규모의 베르사유 궁전도 아니었다. 루이뷔통, 프라다 등 명품 숍이 즐비한 '오~ 샹젤리제' 거리도 아니었다.

나를 놀라게 한 것은 사람, 사람, 사람이었다. 그것도 피부색이 다른 무수한 사람들, 파리에서 머문 동안 아침저녁으로 만원 지하철 속에서 만난 사람들 중에 토종 파리지앵은 몇 사람 눈에 띄지 않았다. 흡사 인종 박람회장 같았다. 여기저기서 주위들은 짧은 지식으로 프랑스에는 이민자들이 많다는 사실을 알고 있었다. 하지만 두 눈을 놀라게 할 정도인 줄은 몰랐다. 모두 어디서 왔는지, 좀 더 나은 풍요로운 삶을 찾아서 왔을까? 내 눈에 비친 그 삶의 노곤함 때문인지 에펠탑도, 센 강도, 수많은 예술품들도, 화려한 샹젤리제 거리도 처음엔 감동으로 다가오지 않았다.

8호선을 타고 바스티유 역에서 하차, 5호선으로 환승할 때였다. 우연히 눈에 들어온 광경이 있었다. 피부가 거무스레한 외국인 상인들이 와자하니 물건들을 늘어놓고 모여 있다. 벼룩시장인가 보다 생각

하고 카메라를 꺼내어 사진 한 컷. 갑자기 고함소리가 울려퍼졌다. 피부가 새까만 여자와 남자 대여섯 명이 우리에게 삿대질을 하며 마구 떠들어대는 게 아닌가. 그 기세가 얼마나 대단하던지, 지하철역 안과 길을 가로막고 있는 창살을 잡고서는 절규하듯 외쳐대는데, 무슨 욕을 하는지 알아듣지도 못한 채 질겁하고 도망쳤다. 철망에 막혀 있지 않았더라면 당장 달려들어 우리를 때리고 카메라도 뺏어갈 기세였다. 후에 생각해 보니 아마 그 장터가 불법으로 운영되는 곳이어서였는지 모르겠다. 우리는 진풍경이라고 생각해서 사진기를 들이밀었으니…. 타국 땅에서도 인간의 삶은 치열했다.

할매의 Travel Tip

여행지에서 언짢은 일을 겪을 수 있다. 내가 사는 작은 동네에서도 이웃과 시비가 붙는 날이 있다. 꼭 우리나라가 아닌 타지이기 때문에 생기는 일이 아니라는 뜻이다. 모든 일을 긍정적으로 생각하고, 당당하게 행동하려는 마음가짐도 자유여행 시 필요한 준비물 중 하나다.

프랑스 파리에서의
첫날 밤

출발 전 숙소를 정할 때 호텔로 할 것이냐, B&B로 할 것이냐, 한인 민박으로 할 것이냐로 친구와 많은 의견을 나누었다. 첫 체류지 파리에서만은 한인 민박으로 하자는 데 의견을 모았다. 타국에서의 첫날, 두려움이 없을 수 없다. 민박집 주인뿐 아니라 민박에 묵고 있는 한국 여행객과도 정보를 공유할 수 있고, 프랑스에 체류하는 동안 괴로움을 느끼게 될 현지 음식에서 한식으로 밸런스를 맞출 수도 있고, 주요 관광지 근처에 있어 밤늦게 귀가하기에도 안전한 곳을 선택했다.

그렇게 해서 최종 결정한 숙소는 아마도 그 당시 민박집치고는 제일 비싼 곳이 아니었나 싶다. 근사하게 꾸며진 민박집 홈페이지에 올라온 이미지를 보고 이 정도면 충분하다고 생각한 곳으로 결정을 내렸는데, 막상 도착하여 숙소로 들어간 순간! '아! 민박집이 이렇구나!' 그때서야 우리는 민박집 환경에 대해 이해하게 됐다. 도심에 있는 한인 민박집은 대부분 아파트 한 층이나 2개 층을 빌려 영업을 하는데, 워낙 집세가 비싸다 보니 협소한 공간일 수밖에 없고 시설 또한 호텔 같지는 않다. 거기다 젊은이들이 붐비는 곳이라 우리처럼 나이든 사람들에게는 사뭇 불편한 점이 많다. 그날 밤, 피곤에 지친 몸이라 머리만 대면 잠에 빠지는 체질 덕분에 나는 아무 탈 없이 하룻밤을 그럭저럭 보냈지만, 잠자리에 예민한 내 친구는 한숨도 자지 못하고 뜬 눈으로 밤을 새웠다.

다음 날 아침, 친구는 도저히 이곳에선 숨이 막혀 못 지내겠다며 어디든 다른 데로 가자고 대책 없이 떼를 쓴다. 할 수 없이 민박집 주인에게 미안하다는 말을 하고 예약한 숙박을 취소해달라고 부탁했다. 뜻밖에도 선선히 들어주셨다. 사실 8박이라 비교적 장기 손님에 드는 편임에도 선뜻 양해를 해주신 주인의 통 큰 배려가 고마웠다.

문제는 그다음이었다. 다른 숙소를 찾기 위해 근처 호텔을 알아보니 이게 웬일, 방이 없다. 어쩌다 방이 있는 곳은 엄청난 가격의 스위트 룸 정도였다. 그럴 수밖에 없는 것이 여행 성수기인 8월이었을 뿐 아니라 그 지역이 파리의 중심인 1존 7구에 속하기 때문이었다. 관광은 제쳐놓고 하루 종일 눈에 보이는 호텔을 찾아 들락거리다 결국 헛걸음만 하고 지친 몸과 마음으로 다시 취소한 민박집으로 들어갈 수

머리만 대면 잠에 빠지는 체질 덕분에
나는 아무 탈 없이 하룻밤을 그럭저럭 보냈지만,
잠자리에 예민한 내 친구는 한숨도 자지 못하고
뜬 눈으로 밤을 새웠다.

밖에 없었다. 혹시 이럴 줄 알고 민박집 사장님이 선선히 그렇게 하라고 하셨던 것일까? 상황이 이렇다 보니 아침에 호의로 받아들여졌던 사장님의 배려에 웬지 복선이 깔려 있었던 게 아닐까 하는 오해를 우리 스스로 만들어 버렸다. 참 사람의 마음이 간사하다. 기가 죽어 다시 들어간 민박집. 다행히 구원의 손길을 내밀어 주신 분은 민박에서 일하시는 아주머니였다. 아주머니의 언니가 변두리에서 살고 있는데 민박집을 운영하는 것은 아니고, 아이들이 방학이라 여행 중이어서 방이 비어 있단다. 꼭 필요하다면 그곳을 소개해 주시겠단다.

영업집이든 아니든, 시내든 변두리든 그런 거 따질 상황이 아니었다. 뜻밖의 구원자로 인해 파리 도착 후 하루 만에 두 번째 숙소로 캐리어를 끌고 이동했다. 좁은 아파트이긴 했지만 방 앞에 딸린 비교적 넓은 베란다와 창이 숨통을 트이게 하였고, 주인아주머니의 단출하면서도 정성스러운 음식도 좋았다. 이곳 주인은 5년 전 중국 연길에서 온 조선족이었다. 애초에는 한국으로 가려고 하였으나 한국에 먼저 간 자녀가 한국은 이제 돈이 되지 않는다고 유럽 쪽으로 가라고 해서 프랑스로 오게 되었단다. 뜻밖의 사실이었다. 한국으로 몰려 들어오던 조선족 분들이 프랑스에도 많이 있다는 것이 말이다.

넓지 않은 방 두 개와 베란다, 좁은 주방과 욕실이 전부인 아파트의 월세가 당시 1300유로 정도, 한화로 계산하면 160만 원이 웃돈다. 그러니 이렇듯 소개가 들어오면 방 하나를 비워 주는 것이다.

　총 7박을 이 집에서 머물러야 하는데, 우리는 여기서도 5박만 머물고 이번에는 주인 집 사정으로 2박은 또 다른 조선족 집으로 옮겨가야만 했다. 사정인즉 유학생 장기 손님을 받아야 하는데, 입실 날짜가 그날이 아니면 안 된다고 하며 사정을 봐 달라고 하신다. 그들의 노곤한 삶에 어찌 동조하지 않을 수 있으리. 닷새 후 캐리어를 끌고 다시 아줌마가 소개해 주는 곳으로 옮겨가며 안쓰러운 마음으로 이야기를 나눴다.

　"뭐 하러 이렇게 멀리 오셨어요? 그냥 고향에 계시는 게 편하지 않으세요? 자녀들과 모두 헤어지면서까지." "제가 지금 중국에 있으면 뭘 할 수 있겠어요? 이곳은 없는 사람들이 살기에는 참 좋은 곳이에요. 아무도 우리에게 신경 쓰지 않고, 우리가 할 일만 하면 간섭하지 않아요. 사람들도 친절합니다. 우리도 똑같이 그들처럼 보험 혜택도 누리고요. 지금 저는 이 나이에 국가에서 지원해 주는 이민자를 위한 무료 어학 교육기관에 가서 공부합니다. 자격증만 따면 맞는 일자리도 소개해 줍니다. 일자리 소개를 굉장히 적극적으로 해 줍니다. 그래야 세금을 거둘 수 있으니까요. 중국에서는 이 나이에 공부한다는 것은 꿈도 못 꿉니다. 이 나이에 일하지 않고 어디서 제가 이렇게 공부할 수 있겠습니까. 공부하는 게 참 재미있습니다. 저도 10년 후쯤에는 사모님들처럼 여행도 다녀보고 해야지요."

50대 조선족 아줌마의 얼굴에서 미래에 대한 희망과 현재의 삶에 대한 자랑스러움이 느껴진다. 알 수 없는 짠~한 감동이 가슴을 누른다. 아! 지구촌 구석구석에서 모두 이렇게 열심히들 사는구나!

2박을 머물기 위하여 도착한 또 다른 조선족 집. 이곳 역시 가정집인데, 먼저 머물렀던 조선족 민박집에서 소개를 받아 이 동네에 도착했다. 10여 분만 걸어가면 이름도 모르는 근사한 공원이 나오는데 솔직히 한국에서 알고 간 튈르리 정원보다도, 뤽상부르 공원보다도 더 좋았다.

이곳 아줌마는 우리를 공원까지 안내해 주면서, 우리가 한국에서 온 할머니들이라 그랬는지 가족사를 묻지도 않았는데 말씀하신다. "막내아들이 한국에 가 있어요. 10년째 얼굴을 못 봤습니다. 17살 때 들어갔는데 지금 27살 됐어요." 세상에! 10년씩이나 아들 얼굴을 못 보다니! 아직 시민증을 받지 못해 마음대로 나갔다 들어왔다 할 수가 없단다. "여기 온 지 7년 됐어요. 이제 들어갈까 싶긴 합니다." 그 말에 자식에 대한 그리움이 절절히 묻어난다.

근사한 낭만을 기대하며 설렘 속에 많은 준비를 하고 온 프랑스 여

행. 생각지도 못했던, 예상 밖에 일어난 혼란스러운 상황을 겪고서야 여행이란 게 새삼 이런 거구나 하고 깨닫는다.

　여행은 이름 있는 박물관이나 미술관, 명소를 돌아보는 것만이 아니라 내가 모르는 낯선 나라와 그곳에 살고 있는 사람들의 삶을 들여다보는 것이다. 다양한 사람들이 오랜 시간에 걸쳐 자연스레 만들어낸 그 나라만의 문화, 생각, 사물 등 이 모든 것을 품은 풍경을 보고 느끼는 것이 자유여행의 참맛이 아닐까 싶다.

할매의 Travel Tip

해외여행 경험이 적고 현지어 구사에 자신이 없다면, 첫 숙소는 가능한 한 한인 민박으로 한다. 여행지에 대한 실질적인 정보도 얻고 도움을 받을 수 있다.

Travel Story 02

파리 구경

보는 재미로
여행의 감을 잡다

파리의 대명사
에펠탑과 야경

　본격적인 파리 탐색에 나서는 첫날. 당연히 우리의 발걸음은 에펠탑으로 향했다. 굳이 파리를 가지 않아도 사진으로, 그림으로, 영상으로 우리 눈에 익숙해진 건물. 프랑스 혁명 100주년을 기념하기 위해 개최된 파리 만국박람회 때, 입구의 아치로 만들어졌다고 한다. 공학도 귀스타브 에펠의 설계로 세워졌다. 그 이름을 따서 에펠탑.

　당시는 주위의 석조 건물과 어울리지 않는다고, 미관상 좋지 않다고 철거하라는 소리가 빗발쳤다고 한다. 특히 이름 있는 예술가, 문학가들의 비판이 높았다고 한다. 20년 기한이 끝나면 해체될 예정이었는데, 그 무렵 발명된 무선 전신 전화의 안테나로 탑을 이용할 수 있다는 사실이 알려져 해체가 중단되었다고 한다. 그렇게 보존된 에펠탑은 지금은 없어서는 안 될 파리의 명물로 세계에 알려졌다.

드디어 그동안 사진으로만 보아왔던 에펠탑이 우리 눈앞에 나타났다. 와~우! 에펠탑만이 아니다. 한낮의 땡볕 속에서도 바글거리는 사람들. 갑자기 친구가 옆구리를 쿡쿡 찌른다. "자~들 봐라, 쪽쪽 빤다! 세상에 이 많은 사람들 속에서!!" 친구가 가리키는 곳을 보니 샤요 궁전 앞에서 젊은 커플이 정말 진~하게 입을 맞추고 있다. 친구가 멀찍이서 휴대폰을 꺼내 사진을 찍는다. "촌스럽게 왜 그래? 우리나라에도 많아." 하면서 나도 무의식적으로 휴대폰을 꺼낸다. 누가 보는 게 아닌가 싶어 주위를 슬쩍 훑어보니 우리 촌할매들만 야단이지 아무도 신경을 안 쓴다.

에펠탑은 1937년 파리 만국박람회장으로 건설된 샤요 궁전에 의해 더욱 아름다움이 빛난다. 센 강을 사이에 두고 샤요 궁전 앞에서서 바라보는 에펠탑은 정말 근사했다. 샤요 궁전이 있는 중앙광장 아래에는 약 3000명을 수용할 수 있는 샤요 극장이 있고, 궁전 왼쪽과 오른쪽 건물에 3개의 박물관도 있다. 에펠탑 전망대에 올라가서 파리 시내를 보면 근사하단다. 전망대에 올라가려면 입장료를 내야 하는데, 한국에서 표를 미리 구입하고 가면 좋다. 그러나 우리는 사양했다. 파리 시내를 보는 데 굳이 돈 내고 에펠탑 전망대까지 가서 볼 생각이 없었을 뿐 아니라, 60년 동안 사용한 우리의 무릎은 이미 많이 닳아 있는 상태다. 무리하면 다음 여행이 걱정스럽다. 조

"자~들 봐라, 쪽쪽 빤다! 세상에 이 많은 사람들 속에서!!"
젊은 커플이 정말 진~하게 입을 맞추고 있다.
친구가 멀찍이서 폰을 꺼내 사진을 찍는다.
나도 무의식적으로 폰을 꺼낸다.

심 또 조심.

해가 질 무렵, 유람선(바토무슈)을 타기 위해 선착장을 찾아 나섰다. 바토무슈를 타면 센 강을 돌면서 웬만한 주요 관광명소는 모두 거쳐 간다. 게다가 한국어로도 설명이 나온다. 어감이 부드럽지 않고 다소 딱딱한 느낌이지만 그래도 반갑다. 그만큼 한국 관광객이 많다는 뜻이기도 하다. 에펠탑의 야경 조명 쇼는 밤 10시나 되어야 볼 수 있다. 에펠탑에 불이 들어오자 유람선 안에 있는 사람 모두의 입에서 '와~~' 하는 환호가 터져 나왔다. 모두가 파리로 여행을 왔다는 들뜬 감정이 플러스알파가 되어 더 큰 감동의 물결이 일었지 싶다.

만약 내가 1970~80년대에 파리에 왔다면 입이 떡 벌어졌겠지만 지금은 아니다! 우리나라도 요즈음은 어딜 내놔도 손색이 없을 만큼 아름다운 야경이 많다.

파리의 여름 해는 9시가 넘어야 지는 듯했다. 돌아다니다 보면 아직도 대낮처럼 훤해서 시간 개념이 없어진다. 날씨도 변덕스럽다. 한낮의 더위는 뜨겁지만 해만 지면 으슬으슬 한기가 느껴진다. 특히 유람선을 타고 있을 때는 얼마나 추운지 모두 두꺼운 옷을 꺼내 입는다. 필히 두꺼운 옷을 준비해 가는 게 좋다.

할매의 Travel Tip

여행 시즌은 성수기, 비성수기, 비수기로 나뉜다. 성수기에 여행을 갈 계획이라면 항공권을 미리 구입하자. 자국기(아시아나, 대한항공)를 제외한 대부분의 해외 항공권은 일찍 구입할수록 싸다. 그렇지 않은 경우도 더러 있지만 특별히 운이 좋거나 타이밍이 잘 맞아야 한다. 부지런하게 항공권을 파는 사이트에 들락거려야 얻어 걸릴 수 있다. 구입할 때 반드시 요금 규정과 환불 규정을 숙지하자. 나는 10개월 전에, 6개월 전에, 3개월 전에 구입한다. 10개월 전과 3개월 전의 차이는 엄청나다. 물론 여행지가 어디냐에 따라 다르지만 직항은 비싸고, 상대적으로 경유하는 비행기는 싸다. 경유 시간이나 기타 조건 등이 변수니 무조건 싸다고 좋은 것만은 아니다. 총 소요 시간과 요금, 또 마일리지 적립 등을 고려해 선택하도록 하자.

몽마르트와 물랭루즈
마담과 아줌마의 차이

파리 하면 누구나 한 번쯤은 떠올리는 몽마르트 언덕과 물랭루즈. 가난한 예술가들과 유학생들이 즐겨 안착하는 곳. 우리가 조심해야 하는 '흑형'들이 많은 곳이다.

지하철 2호선을 타고 앙베르(Anvers) 역에서 하차. 출구로 나오면 바로 눈앞에 보이는 북적이는 사람들과 골목길. 갖가지 기념품을 파는 가게와 레스토랑, 카페들. 그중에서 관광객이 좋아하는 기념품은 에펠탑이다. 1유로짜리 에펠탑 열쇠고리부터 불이 번쩍번쩍 들어오는 고가품까지 입맛대로 고를 수 있다. 한참을 발품을 팔고 올라가다 보면 보이는, 언덕 위의 하얀 성당! 몽마르트 언덕 꼭대기에 아름답게 우뚝 서 있는 '사크레 쾨르' 성당은 막상 올라가서 보기보다는 아래에서 쳐다볼 때 더 아름다운 것 같다.

사크레 쾨르 성당은 순교자의 언덕에서 유래되었으며, 1871년 파리 코뮌 속죄를 목적으로 전 파리 시민을 위로코자 세워진 성당이라고 한다. 파리 코뮌 사건은 프랑스 역사상 가장 비참한 사건일 것이다. 파리 코뮌 사건은 전쟁에서 패한 프랑스 정부의 무능함에 반발해 프랑스 민중이 일으킨 항쟁이다. 시민들의 농성에도 불구하고 휴전 조약이 체결되었으나 파리 시민들은 항전의 뜻을 굽히지 않았다.

결국 시민들은 시청을 점거하고 중앙위원회는 코뮌(인민의회) 선거를 실시했다. 그리고 3월 28일 코뮌의 성립을 선포했다. 이후 5월 28일까지 민중은 파리를 자치적으로 통치하는데 이 기간을 '코뮌 정부'라고 한다. 코뮌이 존재하는 동안 파리에서는 민중에 의해 질서가 안정적으로 유지되었으나 파리 코뮌의 확산을 두려워한 프랑스 군과 독일 제국, 오스트리아, 헝가리 제국, 벨기에, 영국의 연합 군대에 의해 해체되었다. 그 과정에서 파리의 거리마다 바리케이드를 사이에 두고 치열한 시가전이 벌어졌으며 전투는 1주일간 계속되었다. 이때 파리 시민 수만 명이 죽고 10만 명이 체포, 유배되었다고 한다.

사크레 쾨르 성당은 무료입장할 수 있다. 그러나 성당 안에서 사진은 찍을 수 없다. 입장할 때 나와 친구는 디카를 손에 들고 있었는데,

46

제복을 입은 검은 피부의 멋있는 경비원이 손을 뻗어 우리 앞을 막으면서 바리톤의 목소리로 '마담!' 하며 눈짓으로 디카를 가리킨다. 우리는 당황해하며 디카를 가방 속에 얼른 넣었다. 파리에 도착하고 처음 들은 '마담!'이란 단어가 왜 그리도 근사하게 들리던지. 괜스레 가슴까지 두근거린다.

지나고 나서 생각해 보니 '마담'이란 단어는 우리나라 말로 치면, 일반적으로 사용하는 '아줌마'라는 호칭일 뿐이다. 좀 더 좋게 말하면 '사모님' 정도. 그때의 상황을 쉽게 표현하자면 '아줌마, 여기서 사진 찍으면 안 됩니다.'였을 뿐인데. ~흐흐. 여행이란 이렇게 육십 먹은 할매를 착각하게 만들기도 하는 마술을 부린다. 프랑스어가 참 듣기 좋은 언어란 것을 그때 알게 되었다. 동글동글 굴러가는 듯한 발음에, 억양이 리드미컬하면서도 부드럽다.

몽마르트 언덕. 가난한 화가들이 줄지어 앉아 그림을 그리고 있는 곳, 파리를 방문하는 여행객들이라면 절대 빠트리지 않는 장소. 우리도 그들 속에 묻혀 여행자의 기분을 만끽하며 골목골목을 누볐다. 골목 끄트머리 작은 가게에서 프랑스 전통음식이라는 크레페를 먹고, 노천카페에 앉아 맥주도 마셨다.

글쎄, 근사한 레스토랑이 아니고 길거리에서 사서 그런지 크레페 맛이 영 아니다. 그냥 밀가루 떡 같았다. 목마름을 달래기 위해 찾은

노천카페. 이왕이면 화가들이 줄지어 그림을 그리고 있는 바로 맞은편, 카페의 종업원 아저씨가 클린트 이스트우드 약간 늙었을 때의 모습과 닮았다. 검은 앞치마가 보기 흉하지 않은 꽤 나이가 든 멋진 아저씨였는데, 서빙을 하면서 우리와 눈이 마주치기만 하면 윙크를 해댄다. 두 할매는 깜짝 놀랐다. 우리가 윙크를 받을 만큼 매력적인가? 두 할매는 상황 판단이 안 되어 마주 보고 미심쩍은 웃음을 흘렸다. "저 사람들은 아시아 사람들 나이 잘 모른다. 아시아 사람들은 유럽 사람들에 비해 주름이 없잖아. 유럽 사람들은 나이 사십만 되어도 주름이 자글자글한데. 저 사람 눈에는 우리가 60대로 안 보이고 40대쯤으로 보일 거야." 참, 착각도 자유다. 파리는 우리에게 여러 가지로 행복을 느끼게 한다.

몽마르트 언덕을 내려오면서 찾은 곳은 빨간 풍차라는 뜻의 물랭루즈. '루즈' 하면 입술에 바르는 것만 생각했다. 부산 할매, 파리 여행하면서 많이 유식해졌다. 이곳은 내가 아는 그 유명한 춤 캉캉의 본산지. 내 나이 또래의 사람들은 정열적이면서 약간은 퇴폐적으로 느끼는 춤. 여자들이 음악에 맞춰 은밀한 곳이 다 보일 정도로 주름이 많은 치마를 올렸다 내렸다 하며 눈을 자극한다. 외국영화 속에서 그 장면을 처음 봤을 때 당황스럽고 부끄럽던 기분을 한 번쯤 체험해 봤을 터이다.

이곳은 단체 관광객들도 많이 오나 보다. 오후 6시쯤인데 대형버스가 사람들을 우르르 토해낸다. 부러운 마음에 정문 앞에서 서성이며 공연시간과 요금표를 찾았으나 눈에 잘 띄지 않아 누군가에게 물어보려고 해도, 우리 행색이 너무 초라해서일까 모두 본체만체한다. 한 무리의 사람들이 입장하고 나니 다시 붉은 줄로 바리케이드를 친다. 나는 그 앞에서 미성년자 입장 불가의 간판을 보고 아쉬워하듯 그렇게 한참을 서성이다 내일 다시 와서 꼭 공연을 보고 가야지 했는데, 숙소를 외곽으로 옮기는 바람에 결국 마음뿐 기회를 놓치고 말았다.

할매의 Travel Tip

자유여행은 모든 것을 혼자 해결해야 한다. 공부가 필수다. 그러나 학교 공부처럼 머리 아픈 게 아니다. 책을 보며 내가 가고 싶은 나라에 대해 알아가는 재미가 있다. 숙소를 예약하고 루트를 짜면서 자연스레 여행지에 대한 공부를 하게 된다. 그 과정에서 사전 여행을 1차 하게 되고, 현지에 가서 본격적으로 두 번째 여행을 한다. 돌아와서는 사진과 여행일지를 정리하면서 세 번째 여행을 하게 된다. 한 번의 경비로 총 세 번 여행을 할 수 있어 여행지에 대한 추억이 오래오래 머문다. 이 또한 간과할 수 없는 자유여행의 보람과 즐거움이다.

개선문과 사인 소녀단으로 유명한 오페라 극장
— 오페라 가르니에

'내 사전에 불가능이란 없다!'는 말로 유명한 나폴레옹. 로마의 카이사르와 함께 위대한 인물로 묘사되는 나폴레옹의 공적비라고 할 수 있는 개선문. 프랑스 군의 승리를 기념하기 위해 황제 나폴레옹 1세의 명령으로 1806년에 기공식을 했지만 나폴레옹 1세 정치세력의 몰락과 격동의 시대를 거치느라 1836년이 되어서야 완성된 건축물이다. 정작 나폴레옹 1세는 개선문의 완공을 보지 못했지만 죽어서 이 문을 지나 파리로 귀환했다. 개선문에는 역사적인 배경이 조각으로 표현돼 있다. 프랑스 혁명부터 나폴레옹 1세 시대에 이르는 기간 동안 일어난 전쟁에 참전한 장군들의 이름이 새겨져 있다. 이곳 전망대도 유료다. 뮤지엄 패스를 구입하면 무료로 올라갈 수도 있지만, 무릎 관절을 아껴야만 하는 우리는 눈물을 머금고 패스.

오페라 하우스는 그 앞에 소매치기 사인 소녀단이 많이 있어 요주의 장소로 우리나라 여행객들에게 많이 알려진 듯하다. 사인해 달라며 하얀 종이를 내밀고 종이 아래에서 물밑 작업을 한단다. 아니나 다를까. 역을 빠져나와 오페라 하우스의 아름다운 모습을 바라보는 순간 눈앞을 가로막고 사인지를 내미는 소녀들! "Non Merci" 하며 단호히 거절의 뜻을 나타냈다.

한 무리의 소녀들이 떠난 뒤 당황한 마음을 추스르고 머뭇머뭇 길을 건너려고 하는 찰나 또 한 무리가 A4용지의 사인지를 내밀며 미소를 띤다. 그때는 좀 더 여유롭게 나도 마주 보고 미소를 지으며 "Non Merci" 하며 두 손으로 가방을 꽉 움켜쥐었다. 소녀들은 내 가방을 슬

쩍 훑어보고는 씩 웃으며 떠난다. 이곳에서 소녀들에게 많이 당했다는 여행객들의 경험담에 의해 소문은 꼬리를 문다. 조심 또 조심!

〈오페라의 유령〉의 배경이 되었던 오페라 하우스는 꼭 가보고 싶었던 곳이었다. '가스통 르루'의 원작을 뮤지컬로 만든 작품인데, 여주인공 크리스틴의 청량한 목소리가 영화를 보는 내내 나를 묶어 두었던 느낌이 아직도 생생하다. 오페라 극장 지하 호수, 크리스틴을 너무나 사랑하지만 자신의 흉측한 외모로 인해 모습을 드러내지 못하는 남자의 아지트!

이 나이에도 호기심이 많은 나는 아름답고 북적이는 공간을 벗어나 사람들이 없는 구석 어딘가에 지하로 내려가는 통로가 있지 않나 기웃거리며 살펴보았다. 그러나 그런 통로는 보이지 않았다.

오페라 가르니에

오페라 가르니에는 나폴레옹 3세의 요구로 건축가 샤를 가르니에가 설계하고 건축했다. 그런데 기초공사가 끝난 후 물이 들어오기 시작해 건축인부들이 계속 펌프로 퍼내야 했다(지반이 낮기 때문이라고도 하고, 건축 당시 지하의 물길을 건드렸다고도 한다).

공사를 중단해야 한다는 주장도 있었지만, 샤를 가르니에는 오페라 하우스 중심부에 물탱크를 만들어 물을 흘러들게 하였다. 그 물은 오히려 건물의 균형을 유지하는 역할을 하고 있다. 지하의 물은 안전점검을 위해 10년에 한 번씩 완전히 퍼낸다. 작가 가스통 르루는 그의 작품『오페라의 유령』에서 중요한 부분을 차지하는 지하 호수에 대한 아이디어를 여기서 얻었다.

아름다운 베르사유 궁전에서
쫄쫄 굶다

다음 날 파리 외곽에 있는 베르사유 궁전부터 보고 오기로 했다. 먼길이라 아침 일찍 숙소를 나와 민박집 아줌마가 가르쳐 주신 대로 지하철 9호선을 타고 퐁 드 세브르(Pont de Sevres) 역에서 내려 171번 버스를 갈아타기로 했다. 베르사유 궁전에 가면, 먹을거리가 없으니까 꼭 준비해 가라는 정보를 입수했음에도 불구하고 깜빡했다. 역에서 내려서야 그 생각이 떠올라 빵집과 마트를 찾았지만, 공교롭게도 마침 일요일이라 모두 문이 닫혀 있었다. 혹시라도 문을 연 집이 있나 싶어서 골목골목을 장시간 뒤지느라 많은 시간을 낭비해야 했다. 어쩌면 이렇게 철저히 노나 싶을 정도로 문을 연 상점이 한 곳도 없었다. 우리 가방에는 아침에 들고 나온 삶은 달걀 하나와 사탕 몇 알이 들어 있을 뿐이었다.

어쩔 수 없이 빈손으로 171번 버스를 탔다. 베르사유 궁전 앞, 버스에서 내려 눈앞에 보이는 광경에 속으로 와우!! 했다. 궁전에 들어가기 전부터 벌써 이곳의 방대한 크기와 분위기에 압도당했다.

베르사유 궁전은 루이 14세가 파리에서 베르사유로 궁전을 옮긴 이래 1789년 프랑스 대혁명까지 사실상 프랑스 정치와 문화예술의 중심지였다. 베르사유 궁전을 중심으로 이 지역 마을이 번창하지 않았나 싶다. 궁전의 규모에 일단 감탄하고, 이 엄청난 규모의 궁전을 짓기 위해 평민들이 무보수로 1년에 45일씩 강제 동원되었다고 하니 '짐이 곧 국가다.'라는 말을 남긴 루이 14세의 절대적인 권력에 다시 한 번 감탄했다.

문제는 뮤지엄 패스를 구입하는 일을 만만하게 생각했다는 점이다. 티켓 구입이 어려우니 한국에서 구입하고 가는 게 좋다는 정보를 들었음에도 무슨 배짱으로 그냥 왔는지…. 현지에서 패스를 구입하리라 생각했는데 계속 늘어만 가는 줄. 마침 이날이 일요일이라 파리 사람들도 날 잡아서 왔는지 무척 붐볐다.

티켓 구입하는 곳도, 입장하는 곳도 개미 줄같이 늘어져 있다. 친구는 티켓을 구입하는 곳에, 나는 입장하는 곳에 가서 줄을 섰다. 입장하는 줄은 그래도 조금씩 줄어들고 늘어나고를 반복하는데, 티켓을 구입하러 간 친구는 3시간 만에 나타났다. 한여름 땡볕에서 3시간 줄을 서 있으니 구경이고 뭐고 그냥 집에 가고 싶어졌다. 파리에서 아침 일찍 출발했지만 아직 입장하기도 전인데 오후가 되어버렸다. 목도 마르고 배도 고팠으나 아무리 눈을 크게 뜨고 봐도 주위에는 먹을 만한 곳이 없었다. 가지고 간 생수와 달걀 하나로 배를 채우고 입장했다.

뮤지엄 패스 4일권을 구입하고 스타트를 끊었다. 4일 동안은 웬만한 박물관과 궁전은 무제한 이용이 가능한데, 우리는 일정 배분을 잘못해서 3일밖에 사용하지 못했다. 좀 억울한 감은 있었지만 그래도 4일권 패스가 유익했다는 결론이다.

베르사유 궁전의 외관은 황홀할 만큼 멋있었지만 내부는 상대적으로 기대 이하였다. 그러나 이것은 내 느낌이지 다른 사람의 느낌은 다를 수 있겠다. 내부를 대충 보고 역대 왕비들이 머물렀다고 해서 '왕비의 정원'이라 이름 붙인 아름다운 '프티 트리아농 별궁'을 가려고 서둘러 나왔지만, 궁전을 순회하는 미니 트램 운영시간이 지나 포기해야만 했다. 욕심 같아서는 걸어서라도 가고 싶었지만 체력이 이미 바닥난 상태였다. 걸어서 간다고 해도 이내 돌아와야 할 상황이다. 여행지에서 무리는 금물이다. 조금 아쉬움이 남아도 한 발짝 물러나 지혜로운 결정을 해야 할 때가 있는데 바로 지금인 것 같다.

이 엄청난 규모의 궁전을 짓기 위해 평민들이 무보수로
1년에 45일씩 강제 동원되었다고 하니
'짐이 곧 국가다.'라는 말을 남긴
루이 14세의 절대 권력에 다시 한 번 감탄했다.

할매의 Travel Tip

베르사유 궁전에 갈 때는 반드시 먹을 것을 준비하자. 파리 뮤지엄 패스는 한국에서 구입해서 가면 편리하다. 인터넷 검색창에 '파리 뮤지엄 패스'를 입력하면 판매 사이트가 많이 나온다.

루브르 박물관
— '룰라'가 아니라 '코르'

　루브르 박물관 입구에 서니 눈에 들어오는 유리 피라미드가 우리를 흥분시킨다. 아! 드디어 그 유명한 루브르 박물관에 왔구나! 영국의 대영 박물관, 바티칸시티의 바티칸 박물관과 함께 세계 3대 박물관에 속하는 루브르 박물관은, 나 같은 사람에게는 안에 전시된 미술품보다 입구에 있는 수많은 유리 피라미드가 더 자극적이다.

　1층 유리 피라미드에서 아래로 내려가면 지하에 신설된 나폴레옹 홀로 이어진다. 이곳은 지하철 1호선, 7호선과도 연결되어 있고 안내 센터, 매표소, 서점, 물품보관소, 뮤지엄 숍 등이 있다. 이곳 지하 홀에서는 더욱 신기한 역 피라미드를 볼 수 있다.

　입구에서는 대형 박물관에 걸맞은 소지품 검사가 있다. 또 소매치

기를 조심하라는 문구가 여러 나라 말로 표기되어 있는데 '소매치기 조심하십시오.'란 푯말도 있어 우리에게 기쁨을 준다. 참, 조국이란 이런 건가 보다. 타국에 나갔을 때, 그곳이 어디든 우리의 자취나 냄새가 조금이라도 나면 그렇게 기쁠 수가 없다.

　루브르 박물관은 외관상으로도 엄청나게 크다. 입구로 들어가 안내센터에서 한국어로 된 안내문과 내부 지도를 받아들어도 솔직히 어디가 어딘지 알 수가 없고, 다니다 보면 길을 잃게 된다. 우리 두 할매는 이 박물관 안에서도 이산가족이 되어 서로 찾아다니느라 땀을 뻘뻘 흘렸다. 들어갈 때, 만약에 헤어지면 이곳에서 만나자고 약속을 했음에도 약속 장소를 못 찾아서 쩔쩔 맬 정도였으니 그 넓이와 크기를 알 만하다.

유럽 외에 다양한 지역에서 수집한 회화, 조각 등 예술품이 30만 점이 넘는단다. 전체를 다 돌아보려면 며칠이 걸릴 정도라고 하니 우리처럼 초보 여행객들에게는 무리일 수밖에 없다. 루브르 박물관을 방문할 때 꼭 보고 가야 할 작품들을 미리 정해서 오면 좋다. 그 작품들이 루브르 박물관 어디쯤에 있는지도 미리 알아오면 더 할 수 없이 좋다. 그럼에도 불구하고 그 작품들을 못 찾겠으면 복도와 전시관 곳곳에 있는 제복 입은 안내원에게 찾을 그림을 보여 주면 친절하게 안내해 준다.

내 기준으로 봤을 때 꼭 보고 가야 할 명화와 그 작품이 있는 위치를 소개하고 싶다. 루브르 박물관은 리슐리외(Richelieu)관, 드농(Denon)관, 쉴리(Sully)관으로 나누어져 있다. 그중에서 가장 유명한 곳은 2층 드농관이라 할 수 있다. 레오나르도 다 빈치의 〈모나리자〉와 〈사모트라케의 니케〉는 드농관에 있다. 리슐리외관은 반지하층과

1층에 위치하고 있다. 지하에는 주로 조각품이 전시돼 있고, 〈밀로의 비너스〉는 1층에 전시돼 있다.

　미술, 조각, 음악에 전혀 안목이 없는 나는 넘쳐나는 루브르의 수많은 작품들 속에서 현기증만 느낄 뿐이었다. 그때 내 눈에 띈 〈사모트라케의 니케〉, 나는 여기에 꽂혀서 다른 곳엔 가고 싶지도 않았다. 작품 앞에서 한참을 머물렀다. 뭐라 말할 수 없는 신비로운 느낌을 간직한 채.

　〈사모트라케의 니케〉는 2층 드농관 복도 맨 끝에 위치해 있다. 처음 정면에서 약간 비켜선 곳에서 볼 때 왼쪽 날개가 보이지 않아 '어! 한쪽 날개는 없나?' 생각했다. 왼편으로 가서야 날개가 보였는데, 아무래도 짝짝이 같다는 느낌이 들 정도로 조금 짧아 보였다. 신기해서 주위를 몇 번이나 돌고 또 돌았다. 〈날개를 단 사모트라케의 승리의 여신〉으로도 불린다. 사모트라케 섬에서 100여 개의 조각으로 돼 있는 것을 가지고 와서 복원한 것이다. 니케상은 멀리서 보면 금방이라도 하늘을 날 듯한 모습이지만, 그리스 선단의 뱃머리에 장식되어 있는 조각품으로 뱃머리에 방금 내려앉은 포즈라고 한다. 기원전 196년 로도스가 시리아와의 해전에서 승리한 것을 기념하기 위해 신전에 받친 이 작품은 복원 당시 오른쪽 날개밖에 없어 왼쪽 날개는 오른쪽 날개를 본떠 당시 사람들이 붙인 것이라고 한다. 니케상은 절벽 근처에서 발견되었다고 하는데, 여기서 모티브를 얻어 영화 〈타이타닉〉의 멋진 남녀의 뱃머리 장면이 나왔다고 한다.

내가 알고 있는 몇 안 되는 작품 중 하나인 레오나르도 다 빈치의 〈모나리자〉. 기대를 하고 찾아간 드농관 2층은 접근하기 힘들 만큼 사람들로 붐볐다.

고작 가로 53센티미터, 세로 79센티미터밖에 안 되는 모나리자는 5센티미터 두께의 보호용 유리벽에 둘러싸여 있었다. 어림짐작으로, 3미터 정도 사이를 두고 줄로 바리케이드를 쳐놓고 접근을 금지하고 있었다. 그 줄 앞에서 1미터 정도 사람들이 진을 치고는 밀치듯 서로 앞으로 나아가 사진을 찍으려고 법석들이었다. 이왕 온 김에 어찌됐든 사진 한 장이라도 건지려고 밀치고 나아갔지만 역부족이었다. 그래도 틈새로 본 모나리자는 잡지나 책에서 또 TV에서 본 것과 별반

달라 보이지 않았다. 그냥 사진으로 보는 것이 훨씬 좋았겠다 싶었다. 실망 또 실망. 그래도 원본을 봤다는 것으로 만족해야 했다. 모나리자의 모델에 대해서는 여러 설이 있지만, 일반적인 설 말고 좀 더 독특한 설을 알고 싶다면 『다빈치 코드』를 읽어보자.

　루브르 박물관에서 꽤 오랜 시간을 버티고 나왔더니 허기가 진다. 튈르리 정원 쪽으로 발길을 돌리며 허기진 배를 채워 줄 레스토랑을 찾는데, 촌할매들이 선뜻 들어설 만한 레스토랑은 역시나 피자집이다. 아직은 파리가 익숙지 않아 큰 레스토랑에 들어갈 만한 배짱이 없다. 입구에 세워진 메뉴와 가격을 보고 적당한 피자집을 골라 들어가 빈 테이블에 앉아 있으니 차림판을 갖다 준다. 영어를 아무리 몰라도 피자(Pizza)란 단어는 안다. 설령 그것이 프랑스어로 되어 있다 해도 별반 다르지 않아서 알 수 있다. 우리는 손가락으로 그림을 짚으며 "이것(This) 하나(One) 그리고 플리즈"라고 주문했다. 그랬더니 "마실 것은?" 하고 묻는다. 우리는 아무 스스럼없이 "콜라" 했다. 피자에는 역시 콜라가 제일이다. 그랬더니 다시 "마실 것은?" 하고 묻는다. 못 들은 줄 알고 다시 "콜라 플리즈" 했다. 그래도 그냥 서 있다. 그때서 야 아하~~ "콕" 했다. 그러니 주문을 받아간다.

친구 왈, "야~아들은 '콜라'도 모르네. 비행기에서 승무원은 알던 데." 맞다. 중국 남방항공 스튜어디스는 그래도 '콜라'는 알아들었다. 여러 인종들을 상대하니 그들이 자주 쓰는 언어를 알고 있었을 테다. 프랑스 파리, 루브르 박물관 인근에 있는 피자집 종업원은 '콜라'를 못 알아듣는다. 외국에서는 반드시 '콕'이다.

할매의 Travel Tip

박물관이나 미술관에 가면 규모가 크고 볼 게 많아서 어떻게 해야 할지 난감할 때가 있다. 무엇을 보고 싶은지 정해서 가면 좋다. 하나라도 제대로 보고 즐거운 감상을 했다면 성공이다. 지루하지 않고 생동감 있는 기억으로 남을 것이다.

맥주보다 물값이 비쌌던
오르세 미술관

오르세 미술관은 미술관 자체보다도 옛 철도역이었다는 점이 나에게는 더 흥미로웠다. 오르세 미술관 건물은 1900년에서 1930년 프랑스 남서부로 향하는 오를레앙 철도의 기점인 오르세 역이었다고 한다. 현재의 미술관 이름도 그 역의 이름을 그대로 사용하는 것이다. 오르세 미술관도 입장할 때 짐 검사를 한다. 이곳은 내부에서 사진을 전혀 못 찍게 한다. 짐 검사를 할 때, 카메라도 맡겨야 한다.

오르세 미술관도 만만치 않게 사람이 많다. 루브르 박물관보다는 덜 붐빈다. 루브르는 너무 방대하여 정신이 없었는데, 이곳은 루브르에 비해 정적이기도 하고 내부 장식도 부드러우며 더 아름답다. 우리 눈에 많이 익은 밀레의 〈만종〉과 〈이삭줍기〉, 모네와 르누아르의 차

분한 작품들이 주를 이루고 있는 듯했다. 조용히 감상하기에도 좋다. 미술관 테라스에서 바라본 센 강을 사이에 두고 펼쳐진 시가지의 모습도 아름답다. 우리는 오르세 미술관 내 레스토랑에서 점심을 해결하기로 하고 식당으로 갔다.

유럽의 날씨는 낮과 밤의 기온 차가 크다. 낮에는 뜨거운 태양이 이글거려서 난 어디서나 시원한 맥주를 원하는데 친구는 물을 찾았다. 물론 공짜 물을 원했다. 그런데 계산할 때 보니 맥주는 4유로, 물은 5유로다. 당시 한화로 계산하면 7000원 정도. 물값이 맥주 값보다 1유로 더 비싸다.

친구 왈, "우리나라에서는 이거 500원이면 살 수 있는데 7000원 주고 물을 다 사 먹어보다니 파리는 굉장한 도시다!"

할매의 Travel Tip

파리 여행 시 유용한 지하철 앱 사용법 ▶ Paris metro subway guide를 다운받아 설치한다. 앱을 실행하고 from과 to의 빈 칸에 원하는 곳을 입력하면 경로가 나온다. 환승 지점과 내리는 지점까지 안내를 받을 수 있다.

밀레의 <만종>

부산 해운대 그랜드호텔 디아트뮤지엄에서 '움직이는 세계명화'라는 주제로 전시를 한 적이 있다. 그때 그곳에서 재미있는 영상으로 본 <만종>의 비하인드 스토리다.

첫 장면에, 농부가 힘없이 농기구가 들어 있는 들것을 끌고 온다. 그리고 이어 한 여인이 하얀 천에 둘러싸인 무언가가 담긴 바구니를 들고 나온다. 농부는 땅을 파기 시작한다. 광주리에 담긴 것은 젖을 제때 먹지 못하여 굶주려 죽은 갓난아기의 시체다. 여인은 광주리를 조심스럽게 땅에 내려놓는다. 비통에 잠긴 부부는 갓난아기를 땅에 묻기 전에 기도를 올린다.

밀레의 <만종>은 그 당시 농부들의 궁핍하고 척박한 현실을 담은 그림이었는데, 이 작품을 출품하려 했을 때 밀레의 친구가 사회적인 시선을 생각하라고 조언을 하여 아기의 시체를 감자로 바꾸었다고 한다. 그래서 이 가슴 아픈 가난한 부부의 슬픈 기도가 감자를 수확한 뒤 하루의 일과를 마치고 감사의 기도를 올리는 평화로운 그림으로 우리에게 알려지게 되었다고 한다.

이미 많은 사람들이 알고 있는 이야기이기도 하다. 우리가 현재 알고 있고, 믿고 있고, 계승되는 지난 역사들의 사실과 진실의 경계는 과연 어디일까? 문득 궁금해진다.

몽파르나스

— 『여자의 일생』의 작가 모파상은 여자?

파리에는 유명한 공동묘지가 세 군데 있다. 몽마르트 공동묘지, 페르 라셰즈 묘지, 몽파르나스 묘지. 내가 가고자 했던 곳은 페르 라셰즈 묘지였는데, 일정에 쫓기어 아쉬운 대로 몽파르나스 묘지로 향했다. 몽파르나스 지역은 1900년부터 제2차 세계대전이 일어나기 전까지 40여 년 동안 문화, 예술, 패션의 거리로 활기를 띤 곳이다. 그 당시 우리가 알고 있는 예술가들의 주요 활동무대였던 곳이다.

파리에 가면 지하철에서 악취가 많이 난다고들 한다. 생각보다 심하지는 않았다. 그런데 몽파르나스로 가는 구역은 정말 구역질이 날 정도로 악취가 심했다.

몽파르나스 비앙브뉘(Montparnasse Bienvenue) 역에서 내려 몽파르나스 묘지를 가려면 5분 정도 걸어야 한다. 저만치서 하늘 높이 우뚝 솟은 몽파르나스 타워가 먼저 보이고, 프랑스 유명 백화점 라파예트도 보인다. 길 건너 쭉 뻗은 대로를 사이에 두고 짙은 가로수가 있는 거리를 걸어가면 몽파르나스 묘지가 나온다. 묘지 정문에 'Cimetière'라는 표지판이 붙어 있다.

유럽에 가면 도심 곳곳의 집과 가까운 곳이나 정원 같은 곳에서 작은 묘지를 발견할 때가 있다. 많은 사람들이 오가는 번화가에 고층 건물이 서 있고 고급 유명 백화점 지척에 공동묘지가 있다니, 산 자와 죽은 자의 거리가 불과 몇 걸음 되지 않는다. 시내와 완전 떨어진 외곽에 공동묘지가 있는 우리나라와는 확실히 차별화된 장례문화다.

보부아르가 생전에 살던 곳도 몽파르나스 묘지 건너편에 있는 작은 아파트였다. 그녀는 죽어서도 이 거리에 그녀의 문패를 달고 있구나 하는 생각이 든다. 넓은 공원처럼 생긴 묘지 안으로 들어가니 쾌적한 환경 속에 다채로운 조각상들이 묘를 장식하고 있어 그것도 볼거리이긴 했다.

워낙 넓은 곳이라 파리 시내의 구역처럼 나누어져 있다. 입구의 안내센터에서 묘지 내 지도를 한 장 구해 들여다보며 이곳에 묻혔다는 세기의 연인 사르트르와 보부아르의 묘를 찾았다. 생각보다 찾기가

어려웠다.

두 사람 묘지는 다른 묘와는 차별화되어 있어 찾기가 쉬우려니 생각했는데 전혀 그렇지 않았다. 웬만한 묘에도 있는, 그 흔한 조각상 하나 없이 평범한 묘 사이에 있다.

그나마 생기가 조금 남아 있는 작은 국화꽃 다발이 놓여 있어 작은 위로를 받았다고 해야 할까. 1980년 4월 19일 사르트르가 숨을 거두고 몽파르나스와 생제르맹 거리를 지나갈 때, 5만여 명의 군중이 손에 꽃을 들고 영구차 차창을 두들기며 그를 따라 몽파르나스 묘지로 향했다는 이야기가 전해진다. 위대한 사르트르와 보부아르의 묘지 앞에 섰다. 불과 30여 년의 세월이 흘렀을 뿐인데도 세월의 허무함과 인간 기억의 인색함을 여기서 보는 듯했다.

다음으로 모파상의 묘지를 찾았다. 사르트르와 보부아르의 묘지보다 좀 더 꾸며져 있었다. 작지만 뜰도 있고 장미와 다른 꽃들이 자라고 있는 것을 보니, 누군가 아직도 묘를 가꾸고 있다는 생각이 들었다.

친구가 갑자기 묻는다. "모파상, 여자 맞제?"

1초의 망설임도 없이 내가 대답했다. "당연하지. 『여자의 일생』을 지은 사람이잖아." 묘지를 이리저리 잠시 걷다가 불현듯 머리에 스치는 생각.

"아니야! 남자야!"

왜 모파상을 여자로 착각했을까? 중학교 때 모파상의 『여자의 일생』을 읽었다. 아직도 그 방대한 이야기가 어느 정도 기억에 남아 있다. 『비곗덩어리』 속 창녀의 스토리도, 『진주목걸이』의 황당한 이야기도 기억 속에 있는데. 대작 『여자의 일생』이란 제목 때문에? 아마도 내가 연식이 좀 되었나 보다. 그것으로 변명을 삼는다.

바스티유 광장에서
─── 섞어서 찍어라

숙소로 돌아가는 길에 바스티유 역에서 내려 광장으로 갔다. 바스티유 광장 중심에는 프랑스 혁명을 기념하는 탑이 서 있고, 그 꼭대기에 황금빛 자유의 여신상이 있다. 바스티유 감옥이 있던 자리에 만들어진 광장으로, 광장 중앙에는 1830년 7월 혁명 때 죽은 사람들의 유해가 있단다.

어스름한 밤의 불빛이 비치는 바스티유 광장 주변은 무척이나 붐비고 낭만적이었다. 카페 문화가 유난히 돋보이는 파리의 밤은, 하루 일과를 끝낸 파리 시민들이 모두 이곳으로 몰리는 듯 노천카페에 사람들이 넘쳐난다. 이 아름다운 밤을 놓치기 아까운 듯 카페에서든 길에서든 사랑의 입맞춤이 자연스럽다. 우리도 그냥 발길을 돌리기가 아까워 피로도 풀 겸 파리지앵들 사이에 끼어 자리를 잡았다. 시원한

맥주 한 잔씩을 테이블에 놓고 친구가 카메라를 내밀며 주문을 한다.

"섞어서 잘 찍어봐라." 순간 무슨 말인지 못 알아들었다.

"뭘 섞으라고?"

"흰색, 까만색, 노란색 많다 아이가. 섞어서 잘 찍어보라고. 한국에 가서 친구들한테 보여줘야지. 즈그는 패키지만 다니는데, 이런 거 해 봤겠나. 자랑해야지." 하면서 킬킬 웃는다.

다양한 피부색을 가진 사람들 틈에서 낯선 언어를 들으며 짧지만 자유로웠던 그 시간이 그립다.

노트르담 성당
— 고딕 양식이 어떤 건지 알아?

시테 섬은 파리 여행 중 빼놓을 수 없는 곳이다. 파리 속의 작은 섬이라 보면 된다.

시테 섬은 파리의 발상지로 게르만 민족의 잦은 침입으로 도시는 섬 안에 한정되어 있다. 왕의 주거지와 대주교좌, 고등법원 등 주요 기관이 설치되어 파리 시가지의 중심을 이루고 있다.

파리의 시청사, 고등법원, 콩시에르주리 기념 역사박물관 등이 있다. 특히 콩시에르주리 기념관은 역사적인 건물이다. 파리 최초의 궁전으로 건축되었다가 후에 감옥으로 사용됐는데, 루이 16세의 왕비 마리 앙투아네트가 갇혀 있다가 단두대의 이슬로 사라진 곳이다.

지형이 신기하게 생겼다. 센 강이 양쪽으로 갈라지면서 그 사이에

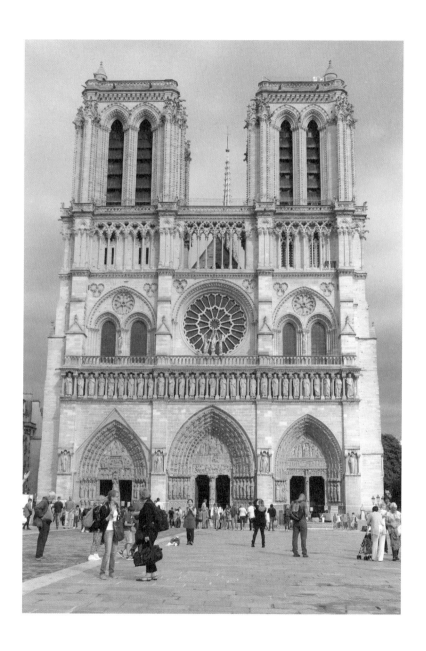

작은 도시가 있는 형태다. 현재 이곳에는 세계에서 가장 유명한 노트르담 성당이 있다. 가이드북에는 역사적인 이야기들을 길게 적어 놓았지만 그런 글들은 사실 눈에 잘 안 들어온다. 노트르담 성당이 명소라 불리는 까닭은 영화 〈노트르담의 꼽추〉에 나오는 장소이기 때문이다. 아직도 강렬한 한 장면을 기억한다. 꼽추가 사랑하던 집시 여인에게 사형이 집행되려 할 때, 꼽추는 종이 울리지 못하도록 종탑에 올라가 추에 매달린다. 다음 종을 치려는 순간 자신의 몸으로 종을 때린다. 영화 속에서 여주인공 지나 롤로브리지다가 춤을 추는 장면도 나오는데 바로 노트르담 성당 앞이다. 지금의 노트르담은 영화가 인기를 얻은 후의 모습이라고 한다.

노트르담 성당이 파리에 하나뿐인 줄 알았다. 그런데 프랑스에 가 보니 '노트르담'이라는 이름의 성당이 많다. 스트라스부르에도, 리옹에도, 아비뇽에도 있다. 알고 보니 '노트르담'은 가톨릭에서 '성모 마리아'를 의미하는 프랑스어 존칭이다. 그러니 지역마다 성모 마리아의 이름을 붙인 성당이 있는 것이다. 내 눈에 비친 노트르담이란 이름이 붙은 성당은 다른 성당에 비해 웅장한 느낌에다 섬세한 아름다움이 함께 있었다.

노트르담 성당 앞에는 포앵제로(Point Zero)가 있다. 포앵제로는 파리의 기준점으로, 이것을 밟으면 언젠가 다시 파리로 돌아온다는 설이 있어 여행자라면 꼭 한 번 밟아 보려는 곳이다. 보도블록에 작게 표시되어 있어 눈에 잘 띄지 않는다. 성당 정문에서 많이 떨어져 있지 않지만 마음먹고 열심히 찾아야 볼 수 있다. 오히려 밤이 되면 노란 불빛이 보여 찾기가 쉽다. 전설대로 파리에 한 번 더 올 수 있으려나?

친구가 노트르담 대성당은 12세기에 지워진 고딕 양식의 최고봉이라고 가이드북에 적혀 있는 대로 읽더니 묻는다.

"니는 고딕, 바로크, 르네상스 양식이 어떤 건지 알겠나?"

"응. 알지. 고딕은 일단 발음이 딱딱하고 모나잖아. 그러니까 고딕 양식은 뾰족뾰족하고 모나고 딱딱해. 바로크는 발음이 부드럽잖아. 건물도 부드럽지."

친구가 낄낄 웃으며 "그럼, 르네상스 양식은?"

"발음이 예술스럽잖아. 그러니 건물이 예술스럽게 생긴 거지."

시답잖게 말하며 마주 보고 웃었는데 틀린 말은 아니다.

그렇게 생각하고 보면 70퍼센트는 맞다.

가이드북을 보면 모든 건물에 무슨 무슨 양식이라고 적혀 있다. 고딕 양식, 바로크 양식, 르네상스 양식 등. 참 어렵다. 굳이 알 필요가 있느냐고 묻는다면 "알 필요가 없다."라고 말하고 싶지만 그래도 모르는 곳을 여행하면서 가이드북을 안 볼 수도 없다. 그런데 무슨 말인

지 모르고 읽는 것도 큰 스트레스다. 그래서 가기 전에 나름 열심히 공부를 한다고는 했지만, 건축이라고는 내 집 한 번 안 지어본 내가 어떻게 알리. 현장에 가서 보니 이론으로 공부한 것은 별 도움이 안 되었다. 나름대로 내 기준에 이해하기 좋은 쪽으로 설정해 놓고 건물을 보니 절반 이상은 맞았다.

고딕 양식은 유럽에 가면 제일 많이 보이는 듯한데, 뾰족하고 하늘을 향해 무섭게 치솟아 있다. 바로 노트르담 대성당처럼 생긴 것이다. 프라하 비트 성당의 경우 엄청 뾰족하다.

로마네스크 양식은 고딕 양식에 비해 많이 부드럽다. 그러나 보기에 우람하다. 창문이 많이 없고 벽이 두꺼워 외부에서 보면 바위의 묵직함이 느껴진다. 입구도, 내부도 두터운 반원통형처럼 생겼다. 이탈리아 피사에 있는 피사 대성당을 보면 대충 느낌이 온다.

바로크 양식은 일단 화려하고 색감이 좋다. 대표적인 예로, 프랑스의 베르사유 궁전과 오스트리아의 멜크 수도원이 떠오른다. 두 곳 모두 굉장한 곳이다. 두 건물만 봐도 바로크 양식이 어떤 건지 확실한 느낌이 올 것이다.

르네상스 양식은 단어만 봐도 느낌이 있다. 건물 자체가 보기에도 좀 예쁘다. 르네상스라는 단어의 느낌대로 예술적인 게 연상된다. 르네상스가 붐을 이룬 14세기경에 시작해서 17세기까지 성행했던 양식이다.

할매의 Travel Tip

책에서 보고 귀로 듣던 것을 실제로 가서 보면 느낌이 많이 다르다. 직접 보면서 자신의 수준에 맞추어 이해하길 바란다. 애써 남의 수준에 맞출 필요는 없다.

셰익스피어 앤 컴퍼니

— 파리 여행을 꿈꾸게 했던 곳

셰익스피어 앤 컴퍼니는 파리 여행을 꿈꾸게 한 첫 번째 이유가 된 장소다. 『파리는 여자였다』라는 책을 읽고 '셰익스피어 앤 컴퍼니'라는 책방을 알게 되었고, 내 생애에 꼭 가보고 말리라 다짐했던 곳이다. 드디어 꿈이 이루어지는 날이다.

정보가 많이 없어 찾아가는 길이 쉽지 않았다. 대부분의 여행객은 루브르, 오르세, 노트르담 등 큼직큼직한 볼거리에만 집중하고, 오래된 낡은 책방을 찾는 사람들은 많지 않은 듯하다. 셰익스피어 앤 컴퍼니(Shakespeare And Company)가 있는 생미셀로 갔다. 지나가는 사람에게 묻고 또 물었다. 인근 옷가게에 들러 Shakespeare And Company란 단어를 보여 주며 물었더니 잘생긴 청년이 입가에 능글능글한 미소를 띠며 옷 하나 사면 가르쳐 주겠단다. 농담인 줄 알고 나도 따라 웃으며 답을 기다렸는데, 안 가르쳐 준다. 열 받아서 그 모습을 지켜보고 있던 옆 가게 총각에게 가서 물었더니, 그도 입에 웃음을 걸어놓고 아무 대답을 안 한다. 할 수 없이 그냥 지나쳐 몇 발자국을 걸어갔다. 우리를 지켜보고 있던 핫도그를 파는 아저씨가 손가락으로 골목을 가리킨다. 감사한 마음으로 핫도그 두 개를 사서 보란 듯이 가게 총각들에게 보이며 흔들어댔다. 총각들이 재미있었는지 낄낄 웃는다. 이런 행동은 민족성이 아니라 인간성이다. 어디든 좋은 인간, 쓰레기 같은 인간, 어정쩡한 인간들이 있기 마련이다. 골목을 빠져나오니 바로 대로가 보이고 대로 건너 Shakespeare And Company란 간판이 보인다.

파리의 센 강은 서쪽으로 흐르면서 도시를 반으로 나누는데 북쪽을 라이트 뱅크, 서쪽을 레프트 뱅크라고 한다. 이 지역은 오늘날까지도 가장 로맨틱한 지역으로 꼽힌다. 1920년경부터 1940년 독일군이 파리를 점령하였을 때까지 독특한 영역이 형성되었는데, 그중 하나가 셰익스피어 앤 컴퍼니라 하는 책방이다. 이곳을 드나드는 사람들은 서로 다른 국적과 계급, 경제력과 재능, 정치적 견해를 갖고 있었지만, '자유'를 위한 자의식적 공동체 안에서 우정을 나누고 작품에 경의를 표하면서 오랫동안 친구와 연인, 동료와 후원자

로 남아 있었다. 여러 나라에서 자유를 갈망하고 온 예술인들이 모여 집단을 이룬 곳이었다. 그들의 사상, 생활, 문학을 논하는 모습이 흥미로웠다.

그들은 여느 예술가들처럼 오랜 무명에서 유명인으로 거듭나는 과정에서 서로 물질적, 정신적 후견인이 되어주며 오랜 우정을 이어온다. 책 속에 나오는 여인들의 생활 속에서 그녀들의 지인으로 거론되는 피카소, 헤밍웨이, 엘리엇 등이 무명이었을 때, 이 집단의 후원을 얻고 그들과의 유대관계도 돈독하였다고 한다. 어떻게 보면 셰익스피어 앤 컴퍼니는 지금의 프랑스 예술의 근원지라고도 할 수 있다.

책방은 작지만 한눈에 알아볼 수 있을 만큼 특색이 있고 분위기가 있었다. 아니 내 눈에만 그렇게 비쳤는지도 모르겠다. 오매불망 그리워했던 곳이기 때문이다.

좁은 계단을 통해 2층으로 올라가니 여행객인 듯한 독자가 편안한 자세로 책방의 분위기를 만끽하고 있다. 창문을 통해 보이는 앞 정원의 모습도 여유롭다. 작은 공간 안에는 오래된 타자기가 놓여 있고, 여러 나라에서 온 여행객들의 모습도 보인다. 게시판에는 수많은 언어들로 자신의 흔적을 남기고 간 메모가 보인다.

기념으로라도 책 한 권을 구입하고 싶었으나 내 실력으로는 읽을
만한 것이 없었다. 망설이다가 그냥 왔는데 돌아와서 후회했다. 모르
더라도 한 권 사올 것을 하고.

데마고 카페

— 사르트르와 헤밍웨이가 머물던 자리

쇼핑을 하려고 생제르맹 거리로 나왔다. 한국에서 더 많이 알려진 몽주 약국이 아니라 시트파르마 약국을 찾아갔다. 민박집 아줌마의 조언에 따르면 한국에 잘 알려진 몽주 약국보다 생제르맹 거리에 있는 약국이 더 싸단다. 쇼핑을 약국에서 하냐고? 프랑스에서는 약국에서도 화장품을 판다.

생제르맹 역에서 내려 4번 게이트로 나오면 바로 그곳에 프랑스에서 가장 오래되었다는 생제르맹 데 프레(Saint-Germain-des-Prés) 성당이 있다. 가벼운 걸음으로 성당을 둘러본다. 6세기에 창건한 수도원이 우여곡절 끝에 10세기 말 재건되었다고 한다. 외관만 봐도 화려하다기보다 오랜 역사를 간직한 듯 낡아 보인다. 건널목 마주 보이는

곳에 약국이 보인다. 녹색 십자 모양의 표지판은 병원이 아니라 약국을 표시하는 것이다. 처음에는 병원을 뜻하는 줄 알고 '파리에 왜 이렇게 병원이 많지?' 했다.

첫 번째 약국을 지나 두 번째로 나오는 약국이 우리가 찾는 곳이다. 두 번째 약국이 많이 싼가 보다. 첫 번째 약국엔 손님이 없었는데 이곳은 바글바글하다. 몽주 약국 손님의 80퍼센트가 한국인이라면 시트 파르마 약국에선 한국인이 안 보인다. 거의 현지인이다. 민박집 아줌마의 조언대로 약국에서 일하시는 한국 분을 찾았더니 쇼핑에 서툰 우리에게 싸고 좋은 제품을 추천해 주고, 한국과의 가격 비교와 택스 리펀드에 관해서도 자세히 설명해 주어 많은 도움을 받았다.

계산을 마치고 약국 아가씨에게 데마고(Les Deux Magots) 카페의 위치를 물으니 "많이 알아오셨네요." 한다. 밖으로 따라 나오면서 약국 맞은편을 가리킨다. 이곳이 우리가 익히 알고 있는 프랑스 문인들이 한때 많이 모였다는 카페다. 사르트르, 보부아르, 헤밍웨이 등이 작품도 쓰고 파리에서 최초로 카페 문학상을 제정한 곳이다. 생경스러운 말이긴 하다. '카페 문학상.'

  그냥 지나칠 수 없었다. 약간은 촌티 나는 두 늙수그레한 여인들은 파리지앵들 사이에 끼어 파리의 여유로움을 부려본다. 에스프레소가 맛있었다.

마레 지구
— 프랑스 남자는 수다쟁이

　저녁을 해결하기 위해 마레 지구 가는 길에 다시 보게 된 특이한 외관의 퐁피두 센터. 옆 골목길에 해가 지면서 즐비하게 늘어서 있는 상점과 카페에 불이 켜지기 시작한다. 지나가는 우리의 발걸음을 멈추게 한 젊은 여성의 노랫소리. 멈춰 서서 노래를 멍하니 듣고 있었다.

　우리나라의 라이브 카페는 일반적으로 카페 안쪽에 무대가 있는데, 이곳에서는 도로를 향해서 노래를 부른다. 그 노랫소리에 꽂혀 좁은 길가 테이블에 앉았다. 비프스테이크와 맥주를 시켰다. 딱 붙어 있는 옆 테이블에 젊은 프랑스인 두 사람이 털썩 앉더니 대뜸 우리에게 "No Beer, Wine!" 한다. 여기는 파리이니까 하면서. 또 비프스테이크에는 화이트 와인을, 치킨에는 레드 와인이란다. 우리가 언제 물어봤

냐고? 친절한 설명에 우리는 그냥 웃을 수밖에. 그의 수다는 계속 된다. 역시나 '재팬? 차이니스?' 하며 아는 척을 한다. 한국이라고 하니까 '코리아!' 하며 '불고기! 김치!'를 외친다. 이 젊은 남자, 아는 것도 많고 말도 많다. 쉴 새 없이 떠들고 아는 척을 하며 말을 건넨다. 그런데도 이상하게 밉지 않은 것은 핸섬하게 생겼기 때문일 거다. 친구 왈! "참, 생긴 값 못 하고 남자애가 말이 많네. 입만 다물고 있으면 브래드 피트인데." 유쾌한 식사 시간이었다.

식사를 마치고 마지막에 실수를 했다. 음식 값은 그다지 비싸지 않아서 24유로가 나왔다. 손님이 너무 밀려와 빨리 자리를 비켜줘야겠다는 생각에 정신없이 서빙하고 있는 웨이터 쪽으로 가서 50유로를 줬더니, 너무나 환하고 감사한 표정으로 "쌩큐, 쌩큐" 하며 앞치마에 돈을 쑥 집어넣고는 돌아선다.

어머나!! 아차!! 그러나 어찌하랴. 이 상황에서 돌아선 웨이터를 다시 불러 세우고 돈 도로 내어 놓으라고 할 수도 없고, 쿨한 척 뒤돌아서 나왔다. 나오면서 속이 시리고 쓰렸다…. 밥값 24유로에 팁이 26유로라니!!

프랭탕 백화점에서
이탈리아제 구두를 사다

　프랑스로 오기 전, 라파예트 백화점에는 어른들 상품이 많고 프랭탕에는 아이들 상품이 많다고 들었다. 나는 손주에게 줄 그럴싸한 구두가 사고 싶었다. 마음먹고 프랭탕을 찾아갔다. 오페라 역에서 내려 천천히 거리 구경을 하며 걸었다. 일단 라파예트 백화점이 눈에 들어와서 구경이라도 하려고 들어갔다. 그러고 나서 프랭탕을 찾아갔다. 분명 라파예트에서 멀지 않은 곳이라 금방 보인다고 했는데, 아무리 걸어도 나타나지 않았다. 갔던 길을 돌아오고 또 되돌아가도 눈에 보이는 것은 'Printemps'이란 간판뿐이었다. 몇 번을 왔다 갔다 하며 '유명 백화점인데 이렇게도 눈에 안 띄나?' 구시렁거렸다. 결국은 못 찾고 할 수 없이 지나가는 사람에게 물어봤더니 바로 옆 건물을 손가락으로 가리킨다.

Printemps, 아~ 이게 프랭탕이었던 거다. 이 무식함이여.

라파예트(Lafayette)는 할매들 눈에 그래도 갖다 끼워 맞추면 대충 알 수 있는 철자인데, 프랭탕(Printemps)은 아무리 잘 읽어도 '프린트 엠프스'다. 공부해서 남 주나. 몇 자 안 되는 철자를 몰라서 그 앞에서 몇 번을 왔다 갔다 한 이 어처구니없는 상황에 두 할매는 허탈해졌다. 남이 알면 창피한 일일 수도 있겠지만 어쩌랴. 내 나라 글도 맞춤법 잘못 맞추어 읽으면 이상한 뜻이 되기도 하는데 '남의 나라 말인데 이 정도야.' 하며 스스로를 다독거리며 기가 차서 헛웃음을 몇 번이나 날렸다. 그래도 할매는 프랑스제가 아닌 이탈리아제 구두를 프랑스 파리 프랭탕 백화점에서 손주 선물로 용감하게 사 왔다.

Travel Story 03

리옹

너처럼
멋지게

생텍쥐페리의 동상은
어디에?

    리옹 역(Gare de LYon)은 프랑스 남부 및 니스, 이탈리아, 스위스 방면으로 가는 열차를 탈 수 있는 파리의 주요 기차역 중 하나이고, 리옹 파르디유 역(Gare de Lyon Part-Dieu)은 2000년의 역사를 지닌, 프랑스에서 세 번째로 큰 도시의 기차역이다.

    기차표를 예매하기 위해 SNCF(TGV) 사이트에서 역명을 검색할 때 주의해야 한다. 알고 나면 별거 아니지만, 프랑스를 처음 가는 사람은 같은 역으로 착각할 수도 있다. 나도 두 역의 이름 사이에서 끙끙대며 공부를 했다. 자칫 실수할 뻔했다. 실제 그런 경험을 한 사람들이 있다. 파리 'Gare de Lyon'에서 출발하는 티켓을 예약해야 하는데, 리옹 'Gare de Lyon Part-Dieu'에서 출발하는 티켓을 예약하는 경우다.

리옹 'Gare de Lyon Part-Dieu' 역은 파리의 'Gare de Lyon' 역만큼 붐빈다. 역에 도착하면 리옹이 만만치 않은 역사와 문화를 지닌 곳이라는 것을 느낄 수 있다.

리옹의 관광은 벨쿠르 광장에서 시작된다. 리옹에서 가장 큰 광장으로 중앙에는 루이 14세의 기마상이 있다. 루이 14세는 루이 13세가 갑자기 사망하자 다섯 살에 왕위에 오른 인물이다. 전성기에 '태양왕'이라는 극찬을 받고 절대왕정의 정점에 앉았던 루이 14세. 그는 프랑스 역사상 가장 강력한 권력을 가진 왕이었다.

벨쿠르 광장에는 생텍쥐페리의 '어린 왕자' 동상이 있다. 동상이 광장 모퉁이 쪽에 있어 의외로 많은 사람들이 찾지 못하고 돌아온다. 여행 안내소 정문에서 왼쪽 모퉁이 쪽에 있다.

높다란 돌탑 위에 어린 왕자가 앉아 있고, 돌탑에는 "1900년 6월

29일에 태어나서 1944년 7월 31일 프랑스를 위해 사망. '내가 죽은 것처럼 보이겠지만 그게 아니랍니다.'"라는 문구가 적혀 있다. 정말 그는 아직도 어린 왕자와 함께 우리 곁에 있다.

『어린 왕자』는 생텍쥐페리가 1943년에 발표한 작품이다. 지금으로부터 약 74년 전 세상에 나온 책! 이제는 고전으로 자리매김하여 전 세계로 퍼져나가고, 우리나라에서도 모르는 사람이 없을 정도로 널리 읽힌 책이다. 그 이유는? 나도 모른다. 아마도 어린 왕자의 순수한 영혼에 모두 넘어간 게 아닐까? 『어린 왕자』는 생텍쥐페리가 43세에 쓴 책이다. 그 나이에 이런 글을 쓸 수 있다는 게 신기하다. 『어린 왕자』를 세상에 내보내고, 이듬해 그는 하늘에서 실종됐다. 생텍쥐페리는 우리에게 어떤 메시지를 주고 싶었을까?

그의 생가가 동상에서 그다지 멀지 않은 곳에 있다고 한다. 방향 표시가 되어 있어서 찾아보았다. 동상이 있는 곳에서 한 블록 벗어난 강가 모서리에 위치하고 있었는데, 참 찾기 어려웠다. 별다른 표지판이 있는 게 아니라 벽에 붙어 있는 표지판이 전부였기 때문이다. 문학관이나 자료관처럼 꾸며져 있을 줄 알았는데 현재는 그냥 사람이 살고 있는 가정집인 듯하다.

이 집을 찾기 위해 길 가던 중년 커플에게 물어보았지만 그들도 전혀 모르는 눈치였다. 나보고 어디서 왔느냐고 묻기에 한국에서 왔다고 했다. 따라오라면서 열심히 이 건물 저 건물 찾아보고, 지나가는 행인에게 물어도 보면서 알려줬다.

　낯선 여행객에게 귀한 시간을 내어준 친절에 너무 감사해서 가방에 넣고 다니던 한국의 전통 문양이 있는 지갑을 선물로 주었더니 기쁘게 받는다. 사진을 찍고 싶은데 실례인 듯해서 참았다. 여행객을 기쁘게 한 추억으로 남는다.

할매의 Travel Tip

TGV는 프랑스의 고속열차이다. SNCF는 프랑스 전국의 철도망을 총괄하는 철도 운영 법인이다. 쉽게 말해 KTX 티켓을 구입하려면 코레일 홈페이지로 들어가는 것과 같은 이치로 TGV를 예매하려면 SNCF.com으로 접속하면 된다. TGV뿐 아니라 일반 열차인 TER도 예매 가능하다.

구시가 산책

— 영화 박물관과 비밀통로 트라불

리옹 시내는 손 강과 론 강, 두 개의 강줄기 합류점에 있는 조금은 특이한 도시다. 그래서인지 물이 풍부하고, 거리를 걷다 보면 커다란 도시임에도 전체적인 분위기가 우아하고 아름답다. 2000년의 역사를 지닌 리옹은 옛 시가지 전체가 1998년 유네스코 세계유산으로 등록되었다. 다리를 건너 구시가 쪽으로 갔다.

구시가로 들어가면 바로 만나게 되는 곳이 리옹 대성당이 있는 작은 생장(St.-Jean) 광장. 리옹 대성당 뒷골목이 구시가 핵심 골목이다. 골목으로 조금만 들어서면 크레페 간판들이 보인다. 자그마한 가게로 들어갔다. 가격이 싸고 생각보다 맛도 꽤 준수하다. 저렴한 가격에 점심 한 끼 해결이 가능해서 기분이 좋았다. 주인은 히잡 쓴 아주머니와

크레페를 굽는 아저씨이고, 서빙하는 리옹 아가씨가 알바생인 듯하다. 이런 장면을 볼 때마다 나는 느낌이 묘하다. 매사가 생각에서 오는 것이겠지만 타지의 사람이 자리를 잡아 주인이 되고 현지인이 아르바이트를 하며 수당을 받는다. 어느 나라에서든 있는 일이니 별로 이상할 것도 없지만, 나는 이럴 때 순간 복잡하게 생각하는 경향이 있다.

크레페 집에서 얼마 떨어져 있지 않은 영화 박물관(Miniature et Cinema)에 갔다. 반갑게도 시니어 티켓 가격이 적혀 있다. 일반적으로 유럽의 유명 박물관이나 미술관에는 청소년, 학생 혜택은 있어도 시니어 가격이 적용되는 경우는 별로 없다.

실내로 들어서자 눈에 들어오는 커다란 포스터. 온몸에 전기가 찌르르 흐른다. 단박에 어떤 장면인지 알겠다. 소설 『향수』를 읽고 큰 충격을 받아서인지 화제작이었던 영화는 보지 않았다. 이곳에서 미니어처를 이용해 일부 촬영을 했다고 적혀 있다. 소름이 끼칠 정도로 정교하다. 미니어처뿐 아니라 영화 세트장과 촬영 시 입었던 의상들도 전시되어 있는데 어찌나 사실적이던지 감탄이 절로 나온다. 100여 점이 넘는 미니어처와 세트장, 사진 등 보는 재미가 쏠쏠했다. 입구의 쇼핑 숍과 약간의 전시물이 있는 곳은 무료입장이다. 가볍게 둘러보려고 들어갔는데 의외로 많은 시간을 보냈다. 꽤 매력적인 곳이었다.

가장 핵심적인 구시가 골목길을 쭉 걸어가며 내가 찾는 곳은 트라불(Traboule)이라는 곳. 원래는 견직물 생산품을 운송하기 위해 만들어졌으나 구조가 특이해서 2차 대전 때 독일군과 게릴라전을 펼쳤던 레지스탕스의 비밀통로로 이용된 곳이다. 예를 들어 1번지 건물의 문으로 들어갔다가 다른 건물로 나올 수 있게 만들어졌기 때문이다. 이날도 분명 구시가 뒷골목 쪽에서 들어갔는데, 통로를 다 나오니 가정집 문 앞이었다. 그 당시 요긴하게 이용되었겠다는 생각이 든다. 여행시 이런 역사가 있는 장소를 찾아가면 재미가 있다.

아직도 트라불이 몇몇 곳에 남아 있는 듯하다. 영화 박물관이 있는 곳에서 조금 더 들어가 건물을 유심히 관찰하니 심상치 않은 문구의 간판이 있다. 그 옆에 으슥한 통로가 보인다. 이곳이 처음 찾은 비밀통로 트라불이다.

우리가 프랑스어를 아는 것도 아니고, 그렇다고 커다란 간판이 내걸려 있는 것도 아니어서 찾기 어려운 게 당연하다. 찾다 찾다 벨쿠르 광장으로 다시 나와 안내센터에 들러 자세히 묻고는 다시 갔다. 역시 쉽지 않았다. 이 골목을 서너 번 왔다 갔다 하다 겨우 찾은 것이었다.

2차 대전 때 레지스탕스 운동의 중심지였던 리옹의 모습을 느낄 수 있었다.

남은 시간을 좀 더 효율적으로 활용해 보고자 벨쿠르 광장에 있는 여행 안내소에서 시티투어버스 1일권을 구입했다. 버스 티켓을 구입할 때 여권을 보여 달라고 한다. 생소한 요구다. 시내투어버스 티켓을 구입하는데 웬 여권? 그러나 어쩌랴. 그들의 시스템인 것을. 후에 생각해 보니 이 티켓은 여행객에만 주는 혜택이 있어서 그런지 모르겠다. 1일권으로 하루 동안 요긴하고 편하게 잘 활용할 수 있겠다 싶었는데 실제 상황은 아니었다. 시티투어버스가 회사마다 달라 구입한 티켓 회사의 버스만을 이용할 수 있어 시간 맞추기가 쉽지 않았다. 결국 적지 않은 가격에 구입한 티켓을 1회밖에 사용하지 못했다. 지금 생각하니 일반버스 티켓을 구입했어도 충분했을 것 같다.

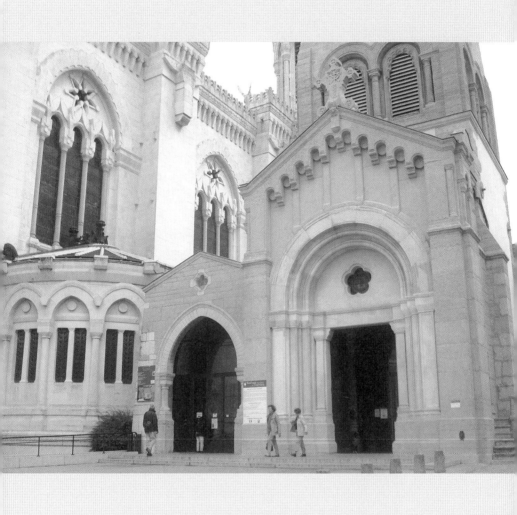

Travel Story 04

프랑스 남부

**한 번쯤
살아보고 싶은 곳**

안시
— 내 남은 노후를 1년 만이라도 이곳에서

안시(Annecy)는 스위스의 제네바와 불과 35킬로미터밖에 떨어져 있지 않아 스위스의 풍경을 제대로 간직하고 있는 곳이다. 도시 남쪽에 안시 호가 있고 알프스 산맥이 펼쳐져 있는 곳. 스위스를 못 가본 나는 설레는 마음으로 출발했다.

파리 리옹 역에서 안시로 가기 위해 기차를 탔다. 무거운 캐리어를 끌고 열차에 올라타 쩔쩔매고 있으니, 막 올라탄 젊은 청년이 눈빛으로 '도와드릴까요?' 하더니 두 노인네 캐리어를 덥석 들어 선반에 올려준다. 그뿐이 아니다. 청년은 차가 잠시 정차하여 화장실 가려고 일어날 때도 우리가 하차하는 줄 알고 벌떡 일어나더니 짐을 내려주려고 한다. 마음 씀씀이가 예쁘다. 여행을 오기 전에 소매치기가 많다는

무서운 글들을 많이 읽었다. 막상 와서 보니 프랑스 사람들 대부분은 친절하고 상냥했다.

무료한 시간을 메울 겸 간단한 점심을 해결하기 위해 식당칸으로 갔다. 커피 한 잔과 바로 구워주는 샌드위치 한 조각. 적은 양의 커피는 도저히 써서 목으로 넘길 수 없었다. 우리 뒤에 있던 검은 피부의 여인은 잘도 마시는데. 할 수 없이 촌스러운 두 할매는 뜨거운 물을 부탁하여 한가득 물을 부었다. 거기다 나는 설탕도 몇 팩이나 넣은 뒤 마셨다. 뒤에서 그 모습을 보고 있던 검은 피부의 여인이 웃는다.

파리 남동쪽 끄트머리에 위치한 안시! 우선 역의 분위기부터 파리와는 다르게 쾌적하다. 한국에서 미리 예약한 호텔을 찾아갔다. 호텔이라기보다는 호스텔에 가깝다. 안시는 작은 마을치고는 숙박료가

꽤나 비싸다. 스위스 접경 지역인 데다 빼어난 경관 때문에 여름에는
수상스키를, 겨울에는 스위스 산맥 쪽으로 스키를 타러 오는 여행객
들이 많아 물가가 타 도시에 비해 비교적 비싸다고 한다.

　인터넷에서 호텔 홈페이지를 봤을 때는 근사해 보였다. 도착해서
보니 작은 건물에 위치한 아주 좁은 공간의 호스텔 수준이다. 엘리베
이터 문이 열리는데, 공간이 어찌나 좁던지 아연실색했다. 몸무게가
70킬로그램 정도 나가는 아저씨라면 캐리어를 갖고 탈 때, 힘을 가득
주어 배를 집어넣어야 탈 수 있을 정도다. 상대적으로 방은 비교적 만
족스럽다. 방에서 보이는 안시 마을의 풍경은 파리와는 사뭇 다르다.
낡고 오래된 지붕 사이로 알프스 산자락이 보이고, 알프스 산맥 쪽에

서 불어오는 바람이 한기를 느끼게 한다.

안시에는 옅은 비가 내리고 있었다. 생경스러운 풍경에 설레는 마음으로 짐을 풀자마자 우리는 데스크에서 마을 지도 한 장 받아들고 거리로 나섰다. 어느 쪽으로 가야 하나 고민하다가 숙소 입구에서 지도를 펼쳐 들고 앉아 있는 동양인 청년을 발견했다. 오랜만에 만난 동양인이라 반가웠다. 당연히 일본 사람일 거라 생각하고 "니혼 까라 기마시다까(일본에서 왔습니까)" 했더니, 우리를 잠시 쳐다보곤 입안에서 말을 정리하듯 또록또록하게 "간.고.꾸.징.데.스" 한다. 내가 일본 사람인 줄 알았나 보다. 뜻밖에 일본어로 들은 "나는 한국 사람입니다."는 말과 그 표정이 어찌나 우습던지.

두 할매는 파안대소하며 우리도 한국 사람이라며 웃었다. 한국인끼리 일본어로 인사를 했으니 이 웃기는 상황이 얼마나 재미있던지. 파리를 벗어나서는 한국인을 못 만났다. 동양인이라면 대부분 일본인이었기에 이 총각도 일본인이라고 생각했다. 청년은 어제 와서 이 호텔에서 묵다가 떠나는 길이라며 마을에 대해 조언을 해 주고, 여행 잘 하시라고 깍듯이 인사까지 한다. 외지에서 한국인을 만나면 참 반갑다.

10세기경 형성된 마을의 구시가는 울퉁불퉁 고르지 못한 보도블록

에 오래된 집들과 호수, 꽃이 어우러져 나름 독특한 풍경을 자아내고 있었다. 비 오는 날의 안시 구시가의 아름다움은 이루 말할 수 없이 매혹적이고 감미로웠다.

안시 호로 들어가는 두 개의 운하인 바스(Vasse)와 티우(Thiou) 운하 주변 경관이 빼어나다. 이 중 티우 운하 가운데에 위치한 릴르 궁전(Palais de l'isle)은 12세기에 지어졌는데 안시의 건축과 주거 양식을 엿볼 수 있다. 12세기 초기 안시 성주의 거주지였다가 제네바의 영주가 마을에 거주할 당시에는 행정관청으로 쓰였다고 한다. 이후 법원 청사, 조폐국 등으로 사용되다 중세 시대와 2차 대전 때는 감옥으로도 쓰였다. 지금은 작은 박물관으로 이용되고 있다.

구시가를 조금만 벗어나면 바로 눈앞에 탁 트인 넓은 공원과 호수, 스위스 산자락이 보인다. 갑자기 눈앞에 펼쳐진 훤한 풍경에 청량한 찬바람이 몸속을 빛처럼 뚫고 들어가 한 바퀴 휭 돌아 나오는 듯 온몸에 전율이 일어난다. 감동이 밀려온다. 변덕스러운 유럽의 날씨가 티를 내는 듯 제법 강하게 내리쏟던 빗줄기도 그사이 멈췄다. 찬란한 태양이 호수를 비추자 주위의 신록은 빛을 더한다. 세계에서 두 번째로 크다는 안시 호수. 바다도 강도 아니고 호수라니, 남은 생애 중 1년 만이라도 이곳에서 살아봤으면 얼마나 좋을까. 꿈은 꿈이어서 좋은 것인가.

아쉬운 점 하나, 화장실이 귀하다. 호수 주변에 공중화장실이 있다면 얼마나 좋을까. 유료 화장실이 어딘가에 있었을 텐데 못 찾았다.

두 할매 왈, "아니, 이곳 사람들은 다 어디서 볼일을 보지? 저 숲에? 저 호수에?"

답이 없다. 결국 우리는 공중화장실을 찾아 헤매다 어쩔 수 없이 숙소로 들어갔다 다시 나왔다.

할매의 Travel Tip

가이드북, 블로그, 카페의 글들을 맹신하지 말자. 맛집, 교통, 시간, 요금 등은 계절, 시기, 지역에 따라 변수가 있다. 이러한 정보는 사전 길잡이 정도로 활용하면 충분하다.

이부아르 가는 길

─ 완전한 자유와 행복감, 그러나 험난한 길

안시에서 2박 3일을 보내기로 한 우리는 프랑스에서 가장 아름다운 마을 2위로 선정된 곳, 스위스 제네바의 레만 호를 끼고 있는 물의 도시 이부아르(Yvoire)를 하루 다녀오기로 하고 아침 일찍 길을 나섰다.

이부아르를 그토록 가고 싶어 했던 이유는 아름다운 중세 도시, 물의 도시여서만이 아니다. 레만 호를 끼고 스위스와 마주 보고 있는 마을이라 스위스에 안 가고도 레만 호를 지척에서 볼 수 있으리란 기대 때문이었다.

40여 년 전 모두가 배고팠던 시절, 젊은이들이 독일에 광부로 간호사로 돈 벌러 갔던 그 시절, 내 단짝 친구 정혜도 간호사로 독일에 갔다. 그리고 어느 날 엽서를 보내왔다. 여름휴가를 얻어서 유럽여행을 하고 있단다. 어느 곳인지는 몰라도 처음 보는 2층 버스가 있는 엽서 뒤에 '지금은 스위스의 레만 호수다. 얼마나 아름다운지 이곳에 내 영혼을 뿌리고 싶다.'라고 적어 보냈다.

당시 우리에게 유럽이란 엽서로나마 어쩌다 볼 수 있었을 뿐, 유럽여행이란 말조차 듣기 힘든 시기였다. 당시 나는 친구가 얼마나 부럽고 유럽이란 곳을 동경했는지 모른다. 친구는 남자 같은 성격에 감성도 그렇게 섬세한 편이 아니었는데, 도대체 얼마나 아름다우면 '이곳에 내 영혼을 뿌리고 싶다.'라고 표현했을까.

그때 나는 막 결혼을 해서 첫아이를 임신했을 때였다. 답장으로 제법 근사하게 "너는 아름다운 레만 호수에 '네 영혼을 뿌리고 와라. 나는 배 속에 영원한 생명을 뿌렸다.'"라고 적어 보냈다. 아직도 그 엽서와 내가 보낸 답장이 일기장 어디에 있을 텐데, 정작 친구와는 연락이 끊겼다. 40여 년이 훌쩍 지난 지금 그 레만 호수를 보러 가는 길이다. 옛 친구를 추억하면서.

이부아르로 가기 위해서는 일단 에비앙(Evian)에서 버스를 타야 한다. 인터넷 여행카페에서 정보를 얻어 가게 되었는데, 안시에서 에비앙으로 바로 가는 열차가 없는 것이다. 에비앙으로 가기 위해서는 안마스(Annemasse)라는 곳에서 한 번 더 갈아타야만 한다는 것을 현지

에 가서야 알았다. 안시에서 에비앙 가는 기차표는 당시 편도 16유로 였다. 그렇게 안마스를 거쳐 에비앙으로 갈 수 있었다.

안마스 역에 내려 다음 기차를 타기 위해서는 50여 분을 기다려야 한다. 전혀 생각지도 않게 에비앙으로 가는 길에서 만난 듣도 보도 못했던 작은 마을 안마스. 우리는 자그마한 기차역을 빠져나와 역 주변 마을 거리를 둘러보았다. 비가 꽤나 세차게 내린다. 준비해 간 우비를 걸쳐 입고 거리로 나섰다.

어느 가이드북에도 소개되지 않은 평범한 마을이었지만, 비 오는 날 뜻밖에 만난 마을은 시간이 한참 지난 지금도 그 풍경이 머릿속에 남아 있다. 비 오는 날, 프랑스의 낯설고 평범한 마을의 거리를 거닌 느낌은 완전한 자유, 행복이었다.

할매의 Travel Tip

이부아르는 스위스 쪽에서 접근하는 것이 더 편하다. 스위스 니옹에서 유람선을 타고 가면 1시간 거리다.

에비앙
― 너는 운명이었어

　에비앙에서 머물 계획은 없었다. 바로 이부아르로 가기 위해 시외버스 터미널을 찾아갔다. 에비앙에서 레만 호 건너편 마주 보이는 곳이 스위스 로잔이라고 한다. 그곳에서 배를 타면 이부아르로 갈 수 있다는데, 당시에는 몰랐다.

　애초부터 이부아르를 가기 위한 통로였던 에비앙은 나에게는 별로 관심이 없던 도시였다. 바쁜 걸음으로 시외버스 터미널을 찾아서 가는 길, 눈에 확 들어오는 에비앙의 풍경에 와우! 그러나 우리는 갈 길이 바빴다. 인터넷의 정보로는 시외버스 터미널에서 152번을 타면 된다고 했다. 바쁜 걸음으로 시외버스 터미널을 찾아갔으나 아무리 걸어도 터미널이 나타나지 않는다. 급기야 우리는 가는 길에 있던 일반버스 정거장에서 버스 기사에게 "이부아르를 가려고 하는데 152번 버스를 어디서 타면 되냐."고 물었다.

기사의 고개가 갸우뚱한다. 어라! 기사 아저씨도 몰라? 버스 맨 앞 자리에 타고 있던 내 나이 또래의 할아버지가 기사도를 발휘한다. 운전대 앞에 있는 GPS를 손수 눌러대면서 찾아보더니 이 버스를 타면 된다고 하는 것이 아닌가. 반가운 마음에 얼른 버스에 올라탔다. 그러고는 다시 한 번 서툰 영어로 확인을 했는데, 할아버지는 프랑스어로 계속 뭐라고 하면서 맞다는 제스처를 한다. 현지인 할아버지인 데다 옆 자리에 버스 기사가 있어 편한 마음으로 자리에 앉았다.

버스가 출발하고 차창으로 스쳐 지나가는 에비앙의 근사한 풍경에 눈을 돌리고 있는데, 내 앞에 앉아 있던 아주머니께서 뒤돌아보며 조용히 "캔 유 스피크 잉글리시?" 한다. 당황한 나는 아주 조금 할 줄 안다고 말했다.

그러니까 이번에는 유창한 영어로 "이부아르에 대해서 알고 왔느냐? 우리는 이부아르를 가본 적이 없다."고 말하는 게 아닌가. 깜짝 놀라서 "아니, 이부아르에 가본 적 없고 지금 찾아가는 길이다."라고 말했다.

아주머니는 조금 떨어져 앉은 할아버지에게 뭐라뭐라 자기네 말로 한창 실랑이를 벌이는 듯했다. 에비앙은 작은 마을이다. 버스에 탄 사람들은 대부분 서로 아는 사이인 듯했다.

　아니, 이게 무슨 난감한 일인지. 난감하고 당황해하는 우리의 마음을 눈치 채신 듯 할아버지는 걱정 말라고, 자기가 이부아르로 가는 버스가 있는 곳까지 데려다 주겠다고 장담을 하신다. 하긴 경주가 부산과 가깝다고 해서 부산 사는 사람들이 모두 경주를 가본 것은 아니니까, 그래도 시외버스 정거장이 어디 있고 어디서 타면 갈 수 있다는 것 정도야 알 수 있으니까…. 우리는 할아버지를 믿어볼 수밖에 없었다.

　한참을 달려 도착한 곳이 그때는 어디인지도 몰랐다. 분에 넘치게 친절했던 할아버지는 우리와 함께 내려 직접 안내소까지 데리고 갔다. 공교롭게도 문이 닫혀 있었다. 우리보다 더 당황한 할아버지! 여기저기 수소문하며 물어보더니, 이부아르로 가는 버스가 3시간 후에 있기 때문에 그때쯤 문을 연다는 것이다. 그러니 그때 표를 구입해서

가라고 한다. 할아버지의 당황하고 미안스러워하는 표정은 안쓰러울 정도였다. 우리는 '알았다.' 하고는 할아버지를 보내드렸다. 3시간 후 설령 이부아르로 출발한다 해도 돌아오는 시간이 애매하다. 어쩔 수 없이 에비앙으로 돌아가서 시간을 보내기로 했다.

다시 에비앙으로 돌아가는 버스를 기다리며 두 할매는 난처하고 난감한 상황을 화젯거리 삼아 킥킥거리며 시간을 때웠다. "할아버지가 동양 아줌마한테 친절을 베풀고 싶었는갑다. 잘 모른다고 그랬으면 우리가 알아서 시외버스 터미널을 찾아갔을 텐데. 버스에서 우리 보고 이부아르 가봤느냐고 묻던 아줌마가 할아버지한테 프랑스어로 말하던 표정을 보니까, 잘 모르면서 왜 그러냐고 핀잔을 줬던 것 같다. 거기다 이 동네 사람들 정말 친절하다. 버스에 사람이 타고 있는데도, 우리가 일을 끝내고 할아버지가 다시 버스를 탈 때까지 출발을 안 하고 기다려 주니, 한국 같으면 어림도 없다. "오지랖 넓게 친절한 유럽 할아버지 땜에 오늘 하루 심하게 꼬이게 됐다." 하면서 킥킥거렸다. 적지 않은 시간을 동양인 여행객에게 허용해 준 사람은 할아버지뿐만이 아니라 버스에 타고 있던 모든 승객이었다. 어떻게 아무도 불평을 하지 않고 그렇게 기다려 줄 수 있는지. 호숫가 마을의 여유로운 자연환경이 만들어 낸 그들만의 인성이 아닐까? 그 여유로움이 참으로 부럽다.

한 시간쯤 지났을까 안내센터 문이 열린다. 반가운 마음에 들어가 물으니 시간표를 한 장 준다. 에비앙에서 이부아르 가는 차편은 하루 다섯 차례. 시간을 잘 맞추어 와야 했다. 에비앙으로 가는 버스도 한참을 기다려야 했다.

알고 보니 그곳은 '토농레뱅'이란 마을이었고, 볼 만한 곳이 꽤 있으며 풍광도 좋다는 것을 한국에 돌아와서야 알았다.

이부아르를 포기하고 다시 돌아온 에비앙은 그냥 지나쳐도 좋을 만큼 보잘것없는 마을이 아니다. 누구나 한 번쯤 들어봤을 생수 '에비앙'을 전 세계에 수출하는 유명한 광천수 마을이다.

에비앙에서 용출되는 천연 광천수는 탄산가스가 없는 양질의 광천수로 세계적으로 유명하다. 알프스에서 녹아내린 만년설이 두꺼운 빙하 퇴적물을 통과하면서 인체에 유익한 미네랄 성분을 다량 함유하고 있단다. 사람들은 에비앙을 레만 호에서 퍼 올린 물로 만든다고 생각하는 경우가 많단다. 그래서 물병에 알프스 산을 넣었다고 한다. 마을 뒤쪽으로 가면 에비앙 광천수를 무료로 담아갈 수 있는 곳이 있다고 한다. 이곳에 대한 정보를 전혀 모르고 간 상태라 가보지 못했다. 귀한 생수인데, 진즉 알았으면 많이 마시고 올걸.

에비앙은 프랑스와 스위스 국경에 있는 도시로 레만 호반 남안에 위치한다. 알프스 기슭에 있으며 기후가 온화해 휴양지로 유명하다.

휴양지답게 넓은 레만 호를 마주하고 궁전 같은 아름다운 호텔과 카지노가 줄지어 있다.

부호들이 겨울에는 따뜻하게, 여름에는 시원하게 휴식을 즐길 수 있어 세계적인 골프 대회도 열리나 보다. 프로 골퍼들의 사진이 군데군데 눈에 띈다. 길을 거닐다 카지노란 소박한(?) 간판이 보이는 곳에서 한번 들어가 보자며 앞장서 들어가던 내 친구. 들어가자마자 총알처럼 튀어나오듯 되돌아 나온다. 따라 들어가려다 그 기세에 놀라서 '왜?' 했더니 "너무 거~하다!"고 한다. 순간 당황스럽게 나왔던 자신의 모습이 우스웠던지 혼자 막 웃어댄다. "아니, 그 정도야?" 하고 반문하는 나에게 우리 같은 군번이 들어갈 곳이 아니란다. 얼마나 거~했으면. 초라한 두 조선 할매는 서로의 행색을 마주 보며 웃어 댔다.

에비앙은 귀족의 마을 같다. 마을 구석구석을 들여다봐도 초라한 곳이 눈에 들어오지 않는다. 물가도 그만큼 비싸다. 백화점 상품들도 고급스럽다. 유리세공이 어찌나 예쁜지 사오고 싶은 마음이 굴뚝같았다. 에비앙 마을에 대한 특별한 정보를 가지고 있지 않은 우리는 발길 닿는 대로 거리 곳곳을 거닐었다. 거리는 이루 말할 수 없이 깨끗했다. 오전에 내렸던 비가 그쳤다. 깨끗한 동네에 상큼함이 더 빛을 발한다. 생각지 못한 길에서 만난 에비앙. 청정한 아름다움에 두 할매는 "여기도 참 좋다."를 연신 토해내며 "오늘 우리가 에비앙을 봐야

할 운명이었네." 하며 하루의 피로를 위로했다.

안시로 돌아가기 위해 기차역이 있는 쪽으로 발길을 돌렸다. 레만 호를 따라 맑은 공기, 확 트인 호수를 만끽하며 천천히 걷던 두 할매는 조근조근 사람 사는 이야기를 나누며 시간 가는 줄 몰랐다. 정신을 차리고 보니 벌써 나왔어야 할 기차역이 보이지 않는다. 분명 우리가 가는 오른쪽 언덕으로 기차역이 보여야 하는데. 지나다니는 사람들도 눈에 잘 띄지 않는다. 할 수 없이 세탁소같이 생긴 사무실에 들어가 카운터에 있는 젊은이에게 물었다. 젊은이는 인터넷으로 검색을 해 보고 방향을 알려 준다. 그때서야 우리가 얼마나 멀리 왔는지 알았다. 반대 방향으로 가야 했던 것이다. 마냥 여유롭다고 생각하고 있었는데 시간을 보니 기차 시간이 얼마 남지 않았다. 놀라서 뒤돌아 정신없이 뛰어가다가 택시 정거장이 나오길래 집어타고 역으로 갔다. 기차 출발시각 7분 전에 역에 도착했다. 자칫했으면 돌아가는 기차를 놓칠 뻔했다.

에비앙은 귀족의 마을 같다.
마을 구석구석을 돌아다녀도 조라한 곳이
눈에 들어오지 않는다. 알프스 기슭에 있으며
기후가 온화해 휴양지로 유명하다.

아비뇽
— 사진관에서 잔다고?

프랑스 남동부에 위치한 아비뇽. 기차역에서 내려 역사 밖으로 나오면 탁 트인 전경이 가슴을 시원하게 한다.

아비뇽 숙소는 스튜디오로 정했다고 하니까 친구는 놀라며 "사진관에서 잔다고? 프랑스 사람들은 사진관도 빌려 주나?" 한다. 여행 관련 인터넷 카페에 스튜디오를 빌려 준다는 글이 올라와 있길래, 스튜디오가 어떤 의미인지 몰라 메일을 보냈다. 알고 보니 우리나라 개념으로 원룸 같은 거란다. 가격도 생각보다 많이 저렴하다. 한 번쯤 경험해 봐도 좋겠다 싶어 한국에서 예약을 하고 왔다. 숙소 주인은 그곳에서 복원 미술을 공부하는 학생이라고 한다.

역사 앞에서 제일 먼저 한 일은 숙소를 찾아가기 위해 전화를 거는 것이었다. 전화를 거니까 숙소 주인은 일이 있어 타지에 갔다고 한다.

주인의 친구가 전화를 받아 조목조목 찾아오는 길을 가르쳐 준다.

역사 바로 역 앞 광장으로 나가면 버스 정거장이 있다. 낯익은 단어가 눈에 들어와서 물어볼 것도 없이 버스에 올라탔다. Avignon Poste. 아비뇽 우체국까지 가는 버스다. 버스 요금은 기사에게 바로 주면 된다. 전화로 일러준 대로 아비뇽 센트럴까지 가는 버스를 타고 우체국 앞에서 내렸다. 와우! 분위기가 생경하다. 눈앞에 끝없이 늘어서 있는 우람한 성벽! 아비뇽이란 도시가 이렇게 생겼구나!

아비뇽은 성안과 성 밖으로 구분되어 있는데, 교황청을 중심으로 한 구시가지는 11세기부터 교황이 건설한 성벽으로 둘러싸여 있다. 중세 도시의 전형적인 모습을 띠고 있다.

우리나라도 한때 임금이 사는 성 안쪽과 백성들이 살던 성 바깥쪽으로 나누어져 있던 시절이 있었다. 그래서 성안에 다녀온다는 말이 있기도 했다.

우리가 묵을 숙소는 아이스크림 가게가 있는 골목길 사이의 4층 집이라 했는데, 근처에서 아무리 둘러봐도 그 집이 그 집 같아 어느 집인지 알 수가 없다. 생각다 못해 염치 불구하고 길바닥에서 집을 관리하는 학생의 이름을 불러댔다. 그랬더니 한 곳에서 창문이 열리며 "이곳이요~" 한다. 아가씨가 가리키는 곳으로 문을 열고 올라가는데

계단이 좁고 가파르다. 유럽에서 흔히 볼 수 있는 나선형 계단인데 그동안 내가 봐 왔던 곳 중에서 가장 좁고 가팔랐다. 힘겹게 캐리어를 끌고 올라가서 문을 여는 순간 할 말을 잃었다.

위치는 구시가 한복판이라 좋긴 했는데 나이가 좀 있는 사람들에겐 내부가 불편해 보였다.

집주인은 우리가 체크아웃하는 날짜에 돌아오기로 되어 있었고 대신 친구가 반갑게 맞아 주었다. 조목조목 아비뇽에서의 중요한 행사와 볼거리를 알려 준다. 아비뇽은 사시사철 관광객들이 드나드는 곳이라 치안엔 문제가 없단다. 단 성 밖으로 밤에는 나가지 않는 게 좋다며, 여행 잘 하시라고 인사를 하고 떠난다.

친구도 그림 공부를 하는 학생이란다. 집을 떠나 이곳까지 와서 공부를 하는데 넉넉한 집안에서 유학 온 학생들은 아닌 듯 아르바이트도 하고, 이렇게 집을 비울 때는 민박도 하면서 생활비를 충당하나 보다. 마음이 짠했다. 딸 생각이 났다. 방 구조가 서울 사는 우리 딸의 원룸 구조이긴 한데, 더 좁고 낡아 보였다.

문을 열면 거리가 바로 보이고 앞에는 중국식당, 일본식당, 카페들도 있고 지나다니는 사람들의 발자국 소리도 들린다. 이 골목 사진이 몽땅 어디로 갔는지? 여행을 다니다 보면 폴더 하나가 몽땅 날아가는 경우가 더러 있다. 없어진 것은 모두 아쉽다.

캐리어를 풀지도 않고 바로 거리로 나섰다. 왠지 몰라도 무언가 볼거리가 넘쳐날 것만 같은 도시의 분위기에 그냥 앉아 있을 수가 없었다. 제일 먼저 찾아 간 곳은 교황청 앞 광장! 하얀 건물의 노트르담 대성당에 세워진 예수상이 눈에 들어온다. 흔히 보는 십자가인데도 이상하게 가슴이 뭉클하면서 쿵쾅 뛴다.

교회 역사에 대해 조금이라도 아는 사람이라면 대부분 알고 있는 사건. 학창 시절 교과서의 한 페이지를 장식한 역사적 사건. 아비뇽 유수(幽囚). 한때 교황은 신의 이름으로 로마의 절대 권력자로 황제 위에서 군림하였으나 신임 황제의 지략과 군사력에 의해 그 자리를 황제에게 빼앗긴다. 교황의 권위는 무너지고 황제에 의해 로마 밖 아비뇽으로 추방된다. 교황들이 아비뇽에 거주했던 약 70년간을 교황의 아비뇽 유수라고 부른다.

1947년부터 장 빌라르에 의해 시작된 아비뇽 축제가 유명하다. 해마다 7월 초부터 약 20일 동안 열린다. 우리가 도착한 시기는 8월, 아직도 한여름 축제 분위기의 여운이 남아 있는 듯 광장 한복판에서 젊은이들의 함성이 요란하다. 오호! 댄스 경연이 한창이다. 광장에서, 성 위에서 함성, 박수, 응원 소리가 뜨겁다. 우리도 한참을 서서 즐겁

게 봤다. 매번 순번이 바뀌면서 선수가 등장할 때마다 열정적으로 손뼉을 치는데, 내가 보기에 저 정도 실력으로는 우리나라에서 대결을 하면 '쨉'도 안 될 것 같다. 한국 청소년들의 댄스 실력은 장르를 불문하고 최고 수준이니 말이다. 춤뿐만이 아니라 안무 실력까지도.

커다란 바윗덩어리로 성벽을 쌓은 듯 보기만 해도 압도되어 버릴 것 같은 웅장함. 아비뇽은 14세기에 교황이 이곳으로 오면서 세계 교회의 중심지가 되었다. 현재는 유네스코 지정 세계문화유산이다. 교황청은 베네딕투스가 만든 북쪽을 구 궁전, 클레멘스 6세가 증축한 부분을 신 궁전이라고 한다. 우리가 입장할 수 있는 곳은 구 궁전이다. 교황청 입장비는 당시 10.5유로였는데 오디오 가이드는 무료 제공이다. 역시 한국어는 없다.

나는 가톨릭 신자다. 꽤나 열성적이고 학구적인 평신도다. 그러니 유럽여행 시 교회 역사와 관련된 그림이나 유적지는 나의 초관심사이자 애착이 있는 장소이기도 하다. 신자가 아닌 친구는 교황이 살던 곳이라 하여 내부가 화려하고 아름다울 거라는 기대를 잔뜩 하고 갔다가 대실망. 교황청을 나오면서 한마디 한다.

"아니, 다 부서지고 돌멩이만 남아 있는 것을 뭘 보라고 10유로씩이나 받아!"

맞는 말이다. 그래도 나의 느낌은 달랐다. 폐허가 되어 있는 성안으로 발을 들여놓는 순간, 뭔가 성스러운 분위기가 온몸을 쏴~ 하니 감싸는 듯하다. 이미 폐허가 된 지 오래되어 예전 화려했던 명성은 어디 가고 역사의 자취만 남아 있긴 했으나 대부분의 고대 유적지는 이런 형식의 돌무더기들이다. 그곳에서 우리가 무엇을 보고 느끼느냐는 개인의 안목과 감성에 달렸다. 여행을 떠날 때는 가고자 하는 곳에 대한 역사적 배경을 단편적이나마 공부하고 가는 게 좋다.

알고 가는 것과 전혀 모르고 가는 것은 차이가 크다. 아무것도 아닌 돌멩이 하나에도 역사적 가치를 부여하고 당시의 상황을 추리하고 이해하며 보는 것과, 사물 자체로만 보는 것과는 하늘과 땅만큼의 차이가 있다.

왕과의 힘겨루기에서 밀려나 아비뇽으로 오게 된 이곳에서 7명의 교황이 배출되었다. 그러다 보니 각국에서 교황을 만나러 사람들이 모이면서 무역과 문화, 학문이 발달하여 아비뇽은 교황의 도시로 거듭나게 되었다. 교황청도 거듭 웅장하고 아름답게 재건축되고 번창하다가 프랑스 혁명이 일어나면서 파괴되었다. 이후 감옥과 군인들의 병영 공간으로 사용되면서 더 심하게 파괴되었다. 외젠 비올레르 뒤크라는 프랑스 건축가가 복원하여 지금의 모습이 되었다고 한다.

교황청 뒷문, 교황청을 둘러싼 좁은 돌담 사이의 골목길을 로마 길이라 일컫는데 이 길을 쭉 따라 천천히 걸어 내려오면서 800여 년 전 이곳에서 살았을 사람들을 상상한다. 그 시대에 살았던 사람들의 삶도 나와 별반 다르지 않았을 거란 생각이 든다.

이날 마침 우리가 간 시간에 노트르담 성당에서는 미사가 있었다. 반가운 마음에 우리도 의자에 앉았는데 미사의 전례가 조금 다른 듯하다. 신부님은 그냥 앉아만 계시고 한 자매님이 나와 뭐라고 계속 읊조리는데 전혀 모르겠다. 신자가 아닌 내 친구는 계속 나더러 지금 뭐라고 하는 거냐고 물었다. "나도 몰라."

아비뇽을 떠나는 마지막 날에 집주인 학생이 왔다. 프랑스에서 복원 미술을 공부하는 학생이라 아주 세련된 모습일 거라 생각했는데,

아니었다. 수수한 우리 동네 영자 같은 아이였다. 친절하고 싹싹하다. 마지막 날 우리에게 뭔가를 해 줘야겠다고 생각했는지 시장에 가겠느냐고 묻고는 따라 나와서 가이드를 해 준다. 전통시장에 가서 과일을 좀 샀다. 우리 먹을 것과 함께 우리가 가고 난 뒤 학생이 먹을 과일도 샀다. 짐을 챙기고 캐리어를 끌고 역으로 가는데 길을 따라 나선다. 그 모습이 기특하고 고맙다. 객지에 나와 고생하며 공부하느라 자기 집을 여행객에게 내줘야만 하는 생활고가 느껴져 마음이 아프다. 나는 몰래 몇 장의 유로를 꺼내 그녀의 손에 살며시 쥐여 줬다. 놀라서 마구 사양을 한다.

할매의 Travel Tip

아비뇽에는 기차역이 두 군데 있다. 아비뇽을 중심으로 이웃 작은 마을로 갈 때는 우체국 맞은편에 있는 아비뇽 센트럴로 가면 된다. 이곳은 TGV가 정차하지 않는다. 버스도 있긴 하지만 기차와 요금이 비슷하고 시간이 오래 걸린다. 해바라기 시즌에 맞춰서 버스를 타면 멋진 풍경을 감상할 수 있다.

아를

— 고흐가 사랑한 마을

아를(Arles)은 프랑스 남부여행을 한다면 빼놓지 않고 가 봐야 할 곳 중 하나다. 특히 아비뇽에서 아를까지는 기차로 20분이면 갈 수 있는 거리이니 가능하면 한 곳에 숙박을 정하고 다녀오면 좋을 것 같다.

아를은 참 작고 조용한 마을이지만 여행객들의 발걸음이 1년 내내 이어지는 이유는 비운의 천재 화가 고흐가 사랑한 곳이었기 때문이다. 『영혼의 편지』라는 고흐의 서간문이 많이 알려지면서 미술을 잘 모르는 사람이라도 빈센트 반 고흐의 비극적인 생애와 작품에 대하여 애정과 관심이 깊어졌다.

기차역 안내센터에서 마을 지도를 받아서 보면 고흐의 자취가 있는 곳을 여행객이 따라가기 쉽게 노란색으로 표시해 놓았다. 간단한 안내

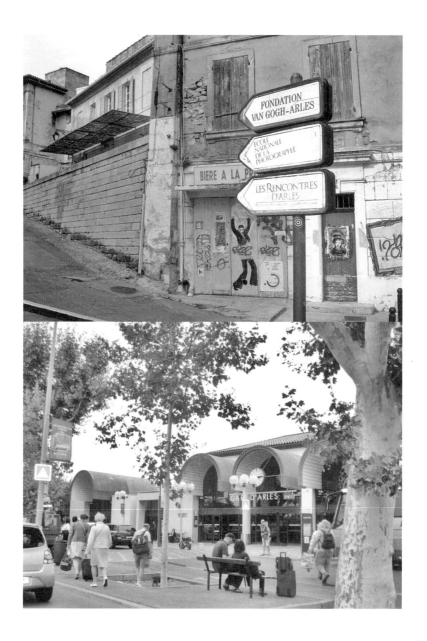

를 들고 무작정 마을 안쪽으로 걸어 들어갔다. 굳이 지도를 들여다보지 않아도 길목길목마다 여행객들이 고흐의 자취를 따라가고 있어서 그들과 발을 맞추어 가노라면 어느새 목적지에 닿아 있다.

동선을 따라 이동하며 첫 번째 눈에 들어온 건물은 로마인들이 지은 원형경기장이다. 로마인들이 기원전 100년경 원형경기장과 고대 극장 등을 세웠는데, 그 잔재가 남아 있다. 오래된 로마의 유적지도 여행객의 눈길을 끄는 데 한몫한다. 입장료가 생각보다 비싸다. 나는 들어가고 싶었는데 무신론자인 친구는 폐허가 된 아비뇽 구 교구청을 보고 실망한 나머지 한사코 입장을 거부했다.

'다 부서진 돌멩이 보자고 9유로나 주고 들어가냐고…'

그 옆길로 이어진 고흐의 동선을 따라 들어가는데 오래된 골목들이 낡고 누추하다.

'낡은 골목을 이대로 놔두는 아를 시의 저의는?' 하며 두 할매는 토론을 벌이기도 했다. 관광객이 몰린다 하면 새롭게 마을을 단장하고, 깨끗하게 아스팔트를 깔고 하는 우리의 방식과는 다른 듯하다며.

고흐가 한때 머물렀던 병원 에스파스 반 고흐(Espace Van Gogh)를 찾아가는 좁은 길목에는 여러 곳에서 온 단체 여행객들로 길이 비좁을 정도다. 1882년 2월 남프랑스의 아를로 온 고흐는 고갱을 불러서 함께 생활한다. 그러다가 고갱과 논쟁을 벌이게 되었는데 그 후 고흐는 자신의 귀를 자른다. 한동안 이 정신병원에 입원해 치료를 받았다. 에스파스 반 고흐는 문화센터로 용도가 바뀌었지만 작품 속의 정원처럼 화려한 꽃이 피고, 매년 여름이면 공연도 열린다고 한다. 정원은 많은 여행객들로 붐비는데 2층으로 살짝 올라가 보니 무섭도록 적막하다. 별로 손을 보지 않은 듯한 낡은 그대로의 예전 병실 모습이 칸칸이 작은 공간으로 되어 있다.

　평생을 가난과 이름 모를 질병으로 불행한 삶을 살았던 고흐가 아를의 골목에서 평화와 위안을 얻고 많은 그림을 그린다. "예전에는 이런 행운을 누려 본 적이 없다. 하늘은 믿을 수 없을 만큼 파랗고 태양은 유황빛으로 반짝인다. 천상에서나 볼 수 있을 듯한 푸른색과 노란색의 조합은 얼마나 부드럽고 매혹적인지." 동생 테오에게 보낸 편지 속의 이곳은 '밤의 카페테라스의 배경'이 된 곳인데, 현재도 여전히 노란색으로 건물을 치장해 놓고 영업을 하고 있다. 이상하게 이 집만 유독 손님이 없다. '왜일까?' 궁금했는데, 입구에 붙어 있는 가격표가 원인이었다. 앞집과 비교해 가격이 비싸다! '아주머니 떡도 싸야 사 먹는다.'는 우리 속담을 생각해 보면 답이 나온다. 가난한 여행객인 우리는 고흐가 즐겨 거닐었다는 좁은 골목길에 있는 작은 카페에 자리를 잡고 조촐한 점심 식사를 했다.

시청사가 있는 리퍼블릭 광장을 중심으로 고흐가 한때 보냈던 병원과, 가로등이 줄줄이 서 있는 카페 골목을 벗어나 낡은 옛집들이 있는 이름 모를 아를의 골목 속으로 들어가 본다. 이 골목을 빠져나오면서 보았던 황당한 모습 하나. 친구가 내 팔을 잡아당기며 저것 보라고 한다. 오토바이 위에서 중년 남자 둘이 쪽쪽 소리가 나게 입을 맞추고 있다. 순간 황당해서 걸음을 멈추었다. 민망해서 그 옆을 도저히 지나갈 수가 없었다.

그 와중에 내 친구는 멀리서 사진기에 초점을 맞춘다. 우리에게는 참으로 익숙지 않은 장면이다. 하긴 우연찮게 발을 들여놓긴 했지만 이곳도 사람들이 별로 다니지 않는 좁은 골목길이다. 아무리 우리와 문화가 다르더라도 양지의 사랑은 아니란 생각을 아를의 후미진 이름 모를 골목에서 한다.

아비뇽에서 생레미로
— 고흐의 방을 찾아서

  아비뇽에서 하루는 아를을 다녀왔고, 하루는 고흐가 아를의 병원에서 추방되어 가게 된 '생레미의 생폴 병원'을 거쳐 프랑스에서 가장 아름다운 마을로 선정된 레보를 다녀오기로 하고 나섰다. 이곳은 모두 버스로 다녀와야 하는 곳이라 가기 전날 시외버스 터미널 위치와 버스 번호를 알아두었다. 아비뇽 시외버스 터미널은 아비뇽 센트럴 역 맞은편에 위치한 이비스 호텔(Ibis Hotel) 건물 아래에 있다. 터미널 안이 무척 어둡고 습해서 지하로 들어온 듯하다.

  아를까지는 방문객이 많으나 생레미(Saint-Rémy)와 레보는 비교적 외진 곳이라 그런지 정보가 별로 없다. 전날 분명 생레미를 거쳐 레보를 다녀올 버스 번호와 시간을 안내센터에서 알아놨음에도 불구하

고 막상 버스를 타려니 버스가 오질 않는다. 어쩔 수 없이 버스 기사에게 물었더니 다른 버스를 가르쳐 준다. 일단 기사의 말을 믿고 버스를 탔다.

아를에서 생레미 드 프로방스로 가는 길, 고흐가 좋아하고 즐겨 소재로 사용했던 해바라기 밭이 버스 차창 너머로 끝없이 펼쳐진다. 아쉽게도 해바라기는 절정의 시간이 지나서인지 벌써 시들어가고 있다. 힘없이 고개를 푹 숙인 해바라기의 추레한 모습에 고흐의 슬픈 일생과 불행한 종말의 시간들이 겹쳐져 마음속에 슬픔이 일렁인다. 조금만 일찍 왔더라면, 태양을 향해 고개를 빳빳하게 쳐들고 당당하고 아름답게 서 있는 노란 해바라기 밭을 봤을 텐데. 그랬으면 이 길이 얼마나 환상적이었을까.

생레미 버스 정거장에 내렸다. 하마터면 그냥 지나칠 뻔했다. 내리면 터미널이 있고 그곳에 안내센터가 있을 것이라고 생각했는데 일반 버스 정거장이다. 지나가는 사람에게 안내센터를 물었더니 버스 정거장 건너편 커다란 교회 쪽을 가리킨다. 일단 그곳으로 갔다. 교회가 보이는 쪽으로 가니 넓은 골목이 있고, 그 골목으로 들어서니 바로 시청사 건물이 보인다. 안내센터가 보이지 않아 난감했다. 어디로 가야 하나. 누구에게 물어야 하나. 일단, 시청 분수 앞에서 한참을 쉬었다. 맞은편에 과일가게가 보이길래 과일이나 사서 목을 축이자 싶어 그곳으로 갔다. 과일을 사며 안내센터가 어딨는지 물어봤다. 좀 더 가야 한다고 말하면서 옆집 가게에 가면 지도를 구할 수 있을 거라 한다. 오호~ 옆집 가게는 선물가게다. 안내센터를 못 찾아도 지도만 있으면 된다. 반가운 마음에 옆집 가게로 갔다. 일종의 특산물을 파는 가게였다. 혹시 동네 지도를 구할 수 있겠느냐고 물었더니 인심 좋게 생긴 아주머니가 말없이 지도 한 장을 건네준다. 지도가 유일한 이정표가 되어서 생폴 정신병원을 찾아 나섰다.

가게 옆 골목에 있는 좁은 길을 따라 한참을 쭉 걸어가다 보면 그때서야 생각지도 못한 안내센터를 발견했다. 반가운 마음으로 들러 생폴 병원을 찾아간다고 하니 지도 한 장과 친절하고도 자세한 이동경로를 설명해 준다. 어느 나라에서 왔느냐고 묻고는 컴퓨터에 입력을 한다. 각국 방문객의 데이터를 수집하나 보다.

고갱과 논쟁 후 자신의 귀를 자르는 광적인 정신 상태를 보인 고흐는 아를의 병원에서 치료를 받던 끝에 마침내 마을에서 쫓겨나 아를에서 수십 킬로미터 떨어진 생레미 드 프로방스의 생폴 병원에 수용된다. 이곳에서 마지막 생애의 불꽃을 피우듯 많은 작품을 그려 낸다. 버스에서 내려 생레미 드 프로방스의 생폴 병원을 찾아가는 길은 꽤나 피곤했다. 생각했던 것과는 달리 꽤 외딴곳이었는데 그날의 한낮 태양은 무척 뜨거웠다. 외진 외길에 방문객도 많지 않아 어쩌다 등산복 차림의 여행객 한두 사람을 만나면 반가워서 세계 공통어 '하이!'로 반가움을 대신했다. 사람이 없는 외진 길을 묵묵히 걸어가면서 '우리가 잘 찾아가고 있나?' 싶을 때, 고흐의 그림이 한 점씩 눈에 띄기 시작한다. 병원이 멀지 않았다는 듯, 그리고 이 그림을 찾아 따라오라는 듯 눈에 익은 고흐의 그림들이 몇 미터 간격으로 붙어 있다. 한낮의 땡볕을 그대로 받고 20분 이상 외진 길을 걸어 들어가자 고흐의 사진이 눈에 보인다. 그래도 이 외진 곳에 여행객들의 발걸음이 외롭지 않게 있나 보다. 입구에 들어서니 소수의 단체 여행객들도 보이고 배낭을 멘 여행객도 더러 보인다.

아를에 있는 정신병원과 유사한 양식의 병동과 정원. 무겁고 둔탁한 건물의 벽들이 한여름인데도 왜 그리 차갑게 느껴졌는지. 이름 모를 꽃들이 여기저기 부산스럽게 피어 있고, 사이사이 방문객을 위한 배려인지 눈에 익은 고흐의 유명 작품들이 전시되어 있다.

고흐가 입원해 있던 병동으로 올라가는 계단에도 고흐의 작품이 걸려 있다. 동생 테오가 마련해 준 그의 방. 여기저기에서 많이 봐서 낯설지 않다. 2평 정도나 될까. 작은 창문 철창살 사이로 내다보이는 밭, 여름인데도 을씨년스럽다. 내가 갔을 때는 라벤더를 재배 중이었다.

1853년에 태어나 1890년에 생을 마감한 고흐. 하루 세 끼를 걱정해야 했던 가난과 질병. 동생 테오에게 전적으로 의지하며 생활해야 했던 불쌍한 화가 고흐. 그림을 팔 재주가 없어서, 팔리지가 않아서 그것마저 테오에게 의지해야만 했던 고흐. 고갱과의 불화로 자신의 귀를 잘라내는 광적인 행동으로 자신이 사랑했던 아를에서 추방되어야만 했던 고흐. 고통 속에서 자신의 가슴에 총을 쏘아 37세의 나이로 생을 마감한 고흐.

수세기가 지난 지금. 그가 추방되었던 아를도, 생레미도 그가 머물렀던 모든 곳이 명소가 되어 각국의 수많은 여행객을 불러 모으고 있다. 그의 작품의 보험액만 1조 원이 넘는 것으로 추정되고 있다. 이 인생을, 이 삶을 어떻게 말해야 하나?

생레미 드 프로방스의 생폴 병원을 둘러본 후 생레미 시내로 돌아와서 점심을 해결했다. 음식은 보기에 깔끔했으나 음식 값과 비교해 최악이라고 해야 할 곳이었다. '햄과 야채샐러드'라는 단순한 메뉴를 선택하고는 큼직하고 먹음직하게 잘 구워진 햄을 기대했는데, 우리가 생각한 햄이 아니라 생돼지고기 얇게 썬 것에 향도 이상한 것이 들어 있었다. 나는 음식을 먹으며 시장기를 어느 정도 해결했는데 친구는 도저히 못 먹겠다며 거의 손을 대지 않고 내려놓는다. 우걱우걱 먹는 나를 보고 "역시 여행이 체질에 맞구나! 아무거나 잘 먹고, 아무

데서나 잘 자고, 잘 싸고!" 한다. "그렇지! 나에게는 남들이 부러워할 만한 요소가 많아!" 스스로 위안을 하고 체면을 걸어본다.

레보

어쨌든 점심을 해결하고 두 번째 코스인 레보(Les Baux)로 가기 위해 버스 정거장으로 향했다. 아비뇽에서 출발해 먼저 생레미 정신병원을 봤으니 프랑스에서 가장 아름다운 마을로 선정되었다는 레보에 다녀오려고 한다. 버스 정거장에서 우리가 알아온 59번 버스를 기다리는데 아무리 기다려도 오지 않는다.

버스 정거장 바로 옆 골목에 레보 이정표가 보이는 걸 보니 확실히 버스가 있는 게 맞긴 한 것 같은데 오질 않는다. 기다리다 지친 우리는 그냥 포기하기로 했다. 그랬으면 좋았을걸. 아!

포기하려는 찰나 버스 한 대가 온다. 54번. 기사 아저씨에게 물었다. 레보로 가는 59번 버스는 안 오느냐고? 54번 기사 아저씨 왈, 이 버스 레보 간단다! 반가운 마음에 덜컥 탔다. 타면서 다시 한 번 확인! 분명 레보 간다고 기사 아저씨 머리를 끄덕끄덕. 그리고 서너 정거장쯤 와서 멍청히 앉아 있는 우리에게 '레보'라고 큰소리로 외친다. 깜짝 놀라서 얼른 내렸다.

프랑스에서 가장 아름다운 마을로 선정되었다는 레보. 인터넷에서 확인한 정보로는 버스를 타고 가다 보면 보인다고 했는데. 신기하고 아름다운 돌로 이루어진 마을은 언제 나올까? 사방을 둘러봐도 안 보인다. 54번 기사 아저씨가 우리를 내려 준 레보 정거장은 주위에 집도 없는 그냥 조그만 외진 도로였다.

아! 이런 난감함이란. 그래도 차들은 많이 달린다. 가끔씩 자전거도 달린다. 달리는 자전거를 숨차게 따라가 붙잡고 레보 드 프로방스를 물으니, 이곳에서 7킬로미터 정도 더 들어가야 한단다. 레보로 가는 버스가 없느냐고 물으니 고개를 절레절레하며 아마 없을 거라고 한다. 물론 택시 같은 것도 안 보인다. 54번 기사 아저씨 정말!

어쩔 수 없이 다시 생레미로 돌아갈 버스를 기다리는데 감감 무소식이다. 길가 숲에 앉아서 대책 없이 한 시간을 넘게 기다리다 용기를 내어 차를 세워보기로 했다.

차가 쌩쌩 달리는 도로 위로 사뿐 들어가 그동안 살면서 영화에서

나 한두 번 봤던 히치하이킹 자세를 흉내내며, 달려오는 차 앞에서 두 할매는 교대로 엄지손가락을 치켜세우고 열심히 팔을 흔들어 댔다. 아무도 안 세워준다! 우리는 기가 죽었다. 예쁜 아가씨가 손을 흔들었으면 세워 줬을까?

걸어서라도 가야 되지 않겠느냐고 친구를 설득하지만 친구는 "미쳤냐?" 한다. 그럼 어쩌라고. 대책 없이 지쳐서 다시 길 옆 숲에 털썩 주저앉았다.

그리고 또 한참을 앉아 달려오는 차만 바라보고 있는데 저쪽에서 어떤 젊은이가 차를 세워 놓고 우리를 손짓해서 부른다. 분명 우리를 보고 손짓을 했다.

어~ 차를 세우는 우리를 봤나? 반가운 마음에 달려가니 지독히도 빠른 영어로 뭐라뭐라 하는데, 내가 듣기로는 '자신이 이곳을 한 시간 전에 지나갔다가 다시 왔는데 거기 있는 걸 봤다. 어딜 가느냐? 태워 주겠다.' 하는 말로 들렸다. 아, 감사, 감사!! 우리는 염치 불구하고 무조건 '쌩큐'를 연발하며 차에 올랐다.

엉겁결에 올라타자 차는 곧바로 쌩생 달린다. 그때서야 두 늙은이 정신이 번쩍 든다. '이거 그냥 타도 되나? 자유여행을 할 때는 모르는 사람이 주는 음료도 함부로 마시지 말라고 하던데. 우리가 너무 경솔했던 거 아닐까. 혹시 마늘 까는 데 데려가는 것은 아니겠지? 프랑스

영화에서나 한두 번 봤던 히치하이킹 자세를 흉내내며,
엄지손가락을 치켜세운다. 아무도 안 세워준다!
우리는 기가 죽었다.
예쁜 아가씨가 손을 흔들었으면 세워 줬을까?

에도 마늘 공장이 있나?' 이 와중에도 두 할매는 일단 달리고 있다는 것에 기분이 좋아 농담을 주고받았다.

우리를 태우고 달리면서 젊은이는 "재패니즈? 차이니즈?" 하고 묻는다. 한국에서 왔다고 하니 '아하!' 하며 당장 박지성을 입에 올리며 반갑게 아는 척을 한다. 그러면서 우리가 오랫동안 누군가에게 도움을 못 받았다고 생각했는지, 한국에 가면 프랑스인 친절하다고 말해달란다. 그런데 영어가 너무 빠르다. 많은 말을 속사포처럼 내뱉는데, 우리 능력으로는 이해하기가 힘들었다. 단편적인 문장은 그나마 귀에 들어와 눈치껏 이해했다. 내 눈에는 30대쯤으로 보이는 젊은이였다. 정말 감사했다. 정식으로 감사하다고 깍듯하게 인사를 했다. 아비농 가는 버스를 타야 한다고 하니까 버스 정거장에 내려서 버스 번호까지 확인해 주는 친절을 베풀었다.

돌아오면서 생각했다. 나도 차를 타고 가다가 차를 세우는 사람을 만난 적이 있는데 한 번도 차를 세운 적이 없다. 사실 모르는 사람을 길에서 태운다는 것에 익숙지도 않을뿐더러, 혹시라도 해코지를 당하면 어쩌나 하는 마음 때문이다. 이번 일로 좀 더 열린 마음으로 대처해야겠다는 생각이 든다. 기억에 남는 여정이었다. 레보를 언제 다시 가보게 될는지 아쉬움이 남는다.

할매의 Travel Tip

예상치 못한 급작스러운 어려움이 닥쳤을 땐 당황하지 말자. 하늘이 무너져도 솟아날 구멍은 있고 어디서든 도움의 손길이 있기 마련이다.

Travel Story 05

알자스 지역

**여행의 내공은
쌓여가고**

스트라스부르

— 화려한 퍼포먼스로 환영받다

TGV는 시속 300킬로미터 이상의 속도로 달리는 고속열차다. 한국에서 인터넷으로 미리 예약을 해 좌석까지 받고, E-티켓을 프린트해서 갔다. 지금은 스마트폰으로 받아서 가도 된다. 새삼 느끼는 것이지만 세상 참 많이 변했다. 한국의 내 집, 내 책상에서 컴퓨터로 프랑스 고속열차를 예약하고 티켓을 끊고 가다니. 어린 시절 이런 날이 올 것이라고는 상상조차 해본 적이 없다.

파리에서 스트라스부르(Strasbourg)로 가기 위해서는 파리 동역(Gare de L'est)으로 가야 한다. 이른 시간 아침을 못 먹고 나와 동역 대기실에서 갓 구워낸 크루아상과 커피 한 잔으로 요기를 했는데 그 기막힌 맛을 아직도 잊지 못한다. 단순히 물리적인 맛 때문만은 아니지

싶다. 낯선 유럽의 기차역, 이국적인 아침 공기와 커피 향, 갓 구워낸 바삭한 빵 냄새. 인적 드문 새벽 기차역에서의 외로운 듯 멜랑콜리한 분위기 때문이 아닐까.

멜랑콜리한 분위기에 취해 전광판에 뜬 게이트 번호를 잘못 보고 엉뚱한 곳으로 갔다가 뒤늦게 알아차린 우리는 전력으로 뛰었다. 일반적으로는 기차 타기 전 플랫폼 입구의 노란 기계에 티켓을 반드시 펀칭을 해야만 한다. E-티켓과 스마트폰에 티켓이 있을 경우는 열차 내에서 검사할 때 보여 주면 된다. 어떤 기차역은 입구에서 역무원이 검사하기도 한다.

파리 동역에서 2시간 30여 분 만에 도착한 스트라스부르.

멜랑콜리한 분위기에 취해
전광판에 뜨는 게이트 번호를 잘못 보고
엉뚱한 곳으로 갔다가
뒤늦게 알아차린 우리는 전력으로 뛰었다.

역을 나와 바로 보이는 르 그랑 호텔(Le Grand Hotel)은 무거운 캐리어를 끌고 가는 우리에게는 환상적인 위치였다. 그날 밤, 우리 방 바로 아래서 무시무시한 싸움이 벌어졌다. 젊은 여자들이 패를 지어 싸우는데 완전 조폭 수준이었다. 발로 차고 머리끄덩이를 잡아당기고 고함을 고래고래 지르면서. 우리는 창문 아래로 머리를 내밀고 숨을 죽이며 열심히 내려다봤다. 싸움은 도저히 끝날 것 같지 않을 만큼 오래 계속되었다. 아래서는 피 터지게 싸우는데 우리는 위에서 웃음을 참느라 입술을 깨물고 있었다.

결국은 서양 여자들이 집단적으로 머리끄덩이 당기며 싸우는 것을 처음 봤다면서 폭소를 터트리고 말았다. 스트라스부르는 재미난 퍼포먼스로 우리를 반겨 주었다.

프티 프랑스를 찾아서

무식은 하늘을 찌르고

스트라스부르에는 프티 프랑스(Petite France)라 불리는 곳이 있다. 스트라스부르에서의 아름다운 풍경은 이곳을 빼놓고는 말할 수 없다. 우리는 프티 프랑스를 찾아 나섰다. 지도를 봤지만 방향을 잘못 잡았는지 눈에 안 들어온다. 지나가는 사람에게 물었다. "웨어 이즈 더 쁘띠 프랑스?" 고개를 갸우뚱하고 미안하다며 지나간다. 다른 사람에게 또 물었다. "웨어 이즈 더 쁘띠 프랑스?" 그 사람도 고개를 갸우뚱한다. 그때서야 내 영어 발음이 문제인가 싶어서 발음을 좀 다르게 해 봤다. "쁘띠 프랜츠!" 그래도 고개를 갸우뚱하며 모르겠다고 한다. 할 수 없이 지도를 펼쳐 보여줬더니 단박에 얼굴에 화색이 돌며 "쁘띠 뽕!" 한다. ~엥? '쁘띠 뽕!!!'

나는 프티 프랑스가 '아름다운 프랑스'라는 의미인 줄 알았다. 프티가 프리티의 프랑스 발음인 줄 알았던 거다. 내 멋대로의 해석이었다. 프티(Petite)는 프랑스어로 '작다'는 뜻이고 퐁(Pont)은 '다리'라는 뜻이다. 따라서 'Petite Pont'은 '작은 다리'라는 뜻이고, 프티 프랑스는 '작은 프랑스'라는 의미이며, 다리가 있는 강 주변으로 중세풍 집들이 있는 동네를 일컫는 말이다. 생각지도 못했던 '프티 퐁'이란 단어의 등장이 신선하고 재미있어서 까르르 넘어갔다. 그림 같은 황홀한 풍경이 눈에 들어올 때마다 우리는 "쁘띠 뽕"을 외쳐댔다.

프랑스 북동부에 자리 잡은 알자스는 유럽의 중심부라는 위치상의 이점이 있다. 다양한 인종과 문화가 혼합되어 만들어낸 특유의

분위기와 파란만장한 역사로 대변되는 장소다. 프랑스 역사에서 수없이 독일령이 되었다가 프랑스령이 되곤 하는 서러운 세월을 겪었던 곳이다.

아픔을 견디며 자란 꽃은 그렇지 않은 꽃보다 묘한 매력과 향을 더욱 짙게 내뿜듯이 알자스 지역의 스트라스부르, 콜마르, 리크위르, 리보빌레 등의 마을은 정말 아름답고 짙은 매력을 풍긴다.

독일 국경에서 3킬로미터 떨어진 곳에 위치한 프랑스의 스트라스부르는 우리가 잘 알고 있는 알퐁스 도데의 '마지막 수업'의 배경지다. 작품의 시대적 배경은 독일과 프랑스 사이에 전쟁이 벌어지던 때다. 프랑스가 전쟁에서 독일에 패하자 알자스 지방에서 프랑스어 수업을 금지하고 대신 독일어를 가르치게 된다. 마지막 수업 날. 학교의 괘종시계가 12시를 알리고 프러시아 병사의 나팔소리가 울리면 수업을 끝내야 한다. 마을 사람들이 모이고 학생들도 모두 앉아 있는 교실에 드디어 프랑스어의 마지막 수업을 알리는 나팔소리가 들려오고, 선생님은 더 이상 말을 잇지 못하고 칠판에 '프랑스 만세!'라고 쓴다.

책 속의 배경이 된 학교가 이곳에 실제로 존재했는지는 모르겠다. 나라를 빼앗긴 국민의 슬픔을 느끼게 했던 이 작품은 일본에 나라를 뺏기고 36년간 식민지 생활을 했던 시절 우리말을 못하게 하고 국어

시간에 일본어를 가르치게 했던 상황과 비슷하다. 그래서 더 큰 감동으로 기억되는 이야기다. 스트라스부르, 도시 그 자체만으로도 가슴이 뭉클하다.

스트라스부르의 노트르담 성당은 파리의 노트르담 성당보다 더 정교하고 아름다워 보였다. 아름다운 성당 앞에서 뿜어대는 분수에 몸을 내맡긴다. CF 촬영을 하느라 즐거운 괴성이 들려오고, 지나가는 여행객들은 기쁨으로 카메라를 들이댄다. 전망대는 사양하는 편이지만, 이곳 노트르담 성당의 전망대에는 올라갔다. 그다지 높지 않기도 했지만, 전망대에서 바라본 스트라스부르의 구시가는 독특한 아름다움이 있었다.

노트르담 성당 맞은편, 인쇄술을 완성한 것을 기념하기 위해 조성된 구텐베르크 광장에는 종이를 들고 서 있는 구텐베르크의 동상이 있다. 구텐베르크는 독일 마인츠에서 태어났다. 스트라스부르에 머물며 활동한 구텐베르크는 성경을 인쇄해 유럽 전역으로 보급하였으며, 종교개혁과 과학혁명을 앞당기는 데 이바지하였다. 구시가 중심부에 있는 동상은 '이것이 성서다'라는 듯 손에 성서가 적힌 종이를 펼쳐 보이고 있다.

오늘은 스트라스부르에서 하루를 보내기로 한 날, 늙은이들이라 아침잠이 많지 않다. 비교적 이른 시간에 숙소를 나섰다. 문을 막 열기 시작한 백화점을 두어 군데 섭렵했다. 그러고 난 후 백화점과 유명 브랜드 상가가 있는 옴 드 페르(Homme de Fer) 역에서 일단 트램을 타기로 했다. 어디 가기로 한 목적지가 있어서가 아니고, 날렵하고 멋스럽게 생긴 트램이란 것을 한번 타보기 위해서다. 전선에 고리를 달고 다니는 트램은 대부분 어느 쪽이 앞인지, 뒤인지 모르게 앞뒤가 똑같이 생겼다. 그래서 어느 쪽으로도 간다. 자동발매기가 좀 신기하게 생겼다. 사람 수와 코스까지 선택했는데 도대체 어떻게 티켓을 나오게 하는지 알 수가 없다. 누군가 표를 끊을 때까지 기다렸다가 옆에서 열심히 지켜보고 그대로 따라 했더니 된다.

일단 편도만 끊어서 트램을 탔다. 무작정 종점에서 내리기로 했다.

시내 트램이지만 커다란 통유리 창문이 시원하다. 무엇을 하기 위한 게 아니라 무작정 가보는 기분. 이런 자유로움을 어디서 느껴보리. 기분이 하늘을 찌를 듯하다. 종점에서 내리고 나서야 우리는 깜짝 놀랐다. "표 검사 안 한다." 아, 그러고 보니 탈 때 펀칭을 해야 하는데 표 사는 데 몰입하느라 깜빡 잊어먹었다. 순간 공짜로 타고 왔다는 생각에 환호성을 질렀다.

트램 종점은 공장이 있는 외진 동네인 듯했다. 그렇다고 공해가 있는 그런 동네는 아니었다. 동네 마트에 들어가서 샴푸도 사고, 노상에서 무슨 열매인지 모르는 과일도 한 봉지 샀다. 너무 시어서 결국 못 먹고 버렸다. 다시 트램을 타고 시내로 돌아갔다.

돌아올 때는 생폴 교회 앞에서 내렸다. 생폴 교회는 주위의 경관과 어울려 노트르담 성당과는 또 다른 아름다운 모습을 자랑했다. 생폴 교회에서 마주 보이는 지역에 국제고등학교, 대학 본부, 스트라스부르 대학, 국립극장 등이 있다. 여기서부터 강줄기를 따라 가로수 길을 걸으며 천천히 유람선 타는 곳으로 갔다. 걷기에도 좋고 주위 풍경도 좋았다.

표를 사는 데 40여 분 걸렸다. 파리 유람선처럼 이곳도 유람선 회사가 몇 군데 되나 보다.

우리가 타는 배는 'Batorama.' 운항시간은 1시간 10분이다. 결제는 카드로만 가능하다. 표를 살 때 물어본다. 오픈 크루즈냐? 당연히 우리는 오픈 크루즈다. 말만 들어도 분위기 있어 보이고 멋져 보인다. 탈 때까지는 좋았는데 시간이 문제였다. 마침 해가 중천에 있을 때였다. '8월의 스트라스부르 햇살은 이렇다.'라고나 하듯이 무지막지하게 내리쬐는데 피할 곳이 없다. 살며시 멀미까지 난다. 유럽 여행객들은 강한 햇살에도 아랑곳없이 순간순간 환호하며 휘파람을 불어댄다. 역시나 햇볕을 좋아하는 사람들이다. 우리는 녹초가 되어 내렸다. 그리고 아이스크림을 하나씩 입에 물었다.

리크위르

─── 숨막히는 아름다움이어

리크위르(Riquewihr)로 가려면 일단 콜마르까지 열차로 간 다음 다시 버스를 갈아타야 한다. 친구가 아직 침대에 머무는 시간, 아침 6시쯤 혼자 기차역으로 갔다. 때마침 매표소가 문을 열고 발권을 시작한다. 멋진 총각인지 결혼을 한 사람인지 몰라도 친절하게 반겨 준다. 어디서 왔느냐고 물으면서 계속 윙크를 보내 처음엔 참으로 당황하기도 하고 우스웠다. 순간 자칫 잘못 추파를 던지나 생각할지 모르지만 아니다. 내 나이를 알고도 그런 행위를 계속하는 것을 보면 일종의 친절의 의미인 듯하다.

먼저 나이를 묻고는 60세 이상은 시니어 가격이 적용된다며 친절하게 알려 준다. 개인이 한 장씩 끊는 것보다 단체 티켓 한 장으로 사는 게 더 싸다. 구입할 때 그룹 티켓으로 달라고 하면 된다.

알자스는 독일과 접경 지역으로 참으로 아름다운 곳이다. 천혜의 지리적 요소 때문에 더 큰 아픔을 겪어야 했고 그 아픔을 아름다움으로 승화시킨, 포도 향내 물씬 풍기는 여인과도 같은 땅이다. 우리는 그 지역을 와인 가도라 부르기도 한다. 스트라스부르에서 지역 열차로 20여 분만 가면 도착하는 콜마르. 콜마르는 리크위르를 다녀와서 시간이 남으면 보기로 하고, 먼저 리크위르로 가기로 했다.

스트라스부르 역에서 지역 열차를 타고 콜마르에 도착했다. 유럽의 지역 철도와 지하철은 대부분 문이 수동이다. 내리거나 올라탈 때, 직접 버튼을 누르거나 손잡이를 돌려야 한다. 전자동에 길들여 있는 우리에게는 적응이 잘 안 되는 부분이기도 하다. 문 앞에서 우두커니 문이 열릴 때를 기다리다가 깜짝 놀라 서둘러 탈 때도 더러 있다.

182

콜마르 역 정문 오른쪽에 있는 버스 정거장에서 106번을 찾았다. 우리가 간 시기가 마침 학생들 여름방학 시즌이라 버스가 하루 두 대만 있다고 해서 아침 일찍부터 서둘렀다. 이곳은 생각보다 한국 여행객이 많지 않은지 정보 얻기가 꽤나 힘들다. 요금은 버스 기사에게 주고 탔는데, 기사에게 돌아오는 버스 시간을 물어 잘 맞춰서 돌아올 수 있었다.

버스를 타고 가면서 우리는 차창 밖에서 눈을 떼지 못 했다. 버스는 리보빌레(Ribeauville)를 지나갔는데 얼마나 아름다웠던지, 좀 더 빨리 움직였다면 리보빌레도 볼 수 있었을 것 같아서 많이 아쉬웠다. 어쩌면 긴 시간을 보낸 리크위르보다 더 아름다웠을지도 모르겠다.

콜마르에서 약 30분 만에 도착한 리크위르. 정말 동화 속 마을이 눈에 들어온다. 8월, 온통 꽃으로 둘러싸인 골목골목은 눈을 떼지 못하게 한다. 잘 보존되어 온 반목조의 전통가옥들, 좁은 골목길에 위치한 집집마다 장식된 꽃들. 유럽의 작은 시골 마을이지만 그 아름다움은 파리의 화려함과는 차원이 달랐다.

알자스 지역의 청포도는 맛이 참 좋다. 이 지역의 청포도를 한번 맛보면 다른 지역의 청포도는 싱겁고 맛이 없다고 느낄 것이다. 그래서 이곳에서는 와인 가도 투어가 유명하다. 우리도 마을을 한 바퀴 돌고 나서 와인 가도 트램을 탔다. 한 시간 정도 걸리는데 결코 돈이 아깝지 않다. 나지막한 산자락, 넓게 펼쳐진 포도밭, 그 속에 파묻힌 붉은 지붕의 자그마한 집들. 입에서 나도 모르게 탄성이 나온다. 보고만 있어도 가슴을 설레게 하는 평화로운 풍경이다. 마음속으로 다짐해 본다. 언젠가 또다시 오리라.

할매의 Travel Tip

콜마르에서 리크위르로 가는 버스 시간표 검색 사이트: http://www.vialsace.eu/en

185

콜마르

국제어로 소통하다

버스가 콜마르(Colmar) 역 앞에 우리를 내려준다. 역 바로 앞 광장, 조용하고 깨끗하다. 역사 안 안내센터에서 동네 지도와 얇은 가이드 북을 받고 살펴보니 찾아가 볼 만한 곳이 여럿 나와 있다.

제일 먼저 눈에 띈 것은 작은 보트 유람선! 그 아래 '프티 베니스' 라고 표기되어 있다. 안내센터 직원에게 가는 방법을 물었더니, 앞에서 4번 버스를 타라고 한다. 일단 4번 버스를 타고 가면서 기사에게 가이드북을 내밀며 유람선 사진을 보여줬더니 고개를 끄덕끄덕한다. 기사분은 영어 한마디 못 하시고, 우리는 프랑스어 한마디 못 한다. 작은 마을로 들어갈수록 현지인들의 영어 실력이 떨어진다. 물론 우리는 더 못 하지만.

버스를 타고 10여 분을 더 간 것 같은데(정확히는 모르겠다) 작은 공원이 보이는 정거장 앞에서 기사 아저씨가 버스에서 내리더니 손짓으로 따라오라고 한다. 제법 한참을 공원 안쪽까지 들어가더니 이 길로 쭉 가라고 안내해 준다. 친절한 안내에 '쌩큐, 쌩큐'가 저절로 나온다. 운행 중인 버스를 정거장에 세워두고 우리를 여기까지 데리고 오다니, 한국에서는 있을 법한 일이 아니다. 감사한 마음에 '쌩큐'를 연발할 수밖에 없었다. 우리가 아시아에서 온 나이 든 할머니 여행객이라 친절을 베풀어 주지 않았나 싶었는데, 돌이켜보니 프랑스인들에게서 비슷한 친절을 여러 번 받았다. 사람들의 성향이 대체로 친절하고 느긋한 편이다. 참 살기 좋은 동네다.

공원으로 들어가는 입구에 있는 동상이 누구인지 그때는 몰랐다. 한국에 돌아와서야 동상의 이름을 보고 검색해 봤더니 자유의 여신상을 조각한 프레데리크 오귀스트 바르톨디(Frederic Auguste Bartholdi)다. 그의 고향이 콜마르라고 한다.

이 공원은 생각지도 않게 가게 되어 이름은 모르겠다. 버스를 타지 말고 역에서 직진해서 조금만 걸어오면 찾을 수 있는 곳이다. 버스를 타면 둘러서 오기 때문에 오히려 더 멀다. 여행이 끝날 무렵에서야 알았다.

공원 안으로 더 깊숙이 들어가니 알려지지 않은 소소한 풍경들이 아름다웠다. 이름 모를 작은 공원이 참 예뻐서 우리는 공원 벤치에서 쉬기도 하고 한참을 거닐었다. 그러다가 정장을 차려입고 벤치에 홀로 앉아 있는 우리 또래의 할머니를 만났다. 아무도 없는 공원에 평상복이 아닌 정장을 차려입고 홀로 앉아 있는 모습이 왠지 더 서글프고 외로워 보였다.

그녀에게 '프티 베니스'가 어디인지 물었다. '프티 베니스'라는 말을 못 알아듣는다. 사진을 보여드렸더니 그제야 반색을 하며 길게 열심히 설명한다. 그녀의 말 한마디도 못 알아들었지만 답례로 알아듣는 척, 고개를 끄덕이며 맞장구를 쳤다. 감사하다고 인사를 하고 가려는데 정말 무료하고 심심했었나 보다. 따라오며 계속 길 안내를 해 주신다. 이웃집 할머니하고 이야기하듯 자연스럽게 자기 나라 말로 하고, 우리는 알아듣는 듯 미소를 지으며 계속 고개를 끄덕였다.

'프티 베니스'는 버스 정거장에서 조금 걸어야 하는 거리에 있었다. 콜마르 마을은 버스 정거장에서는 잘 모르겠더니, 마을에 들어오면서 서서히 아름다운 자태를 나타내기 시작한다. 작은 운하가 보이는 다리 위에서 할머니는 발길을 멈추고 아래로 손짓을 한다. 잠시 함께 다리에 서서 아래를 내려다본다. 그러곤 작별 인사를 한다. 떠나는 뒷모습이 사뭇 외로워 보인다. 아마도 사람이, 대화가 무척 그리웠던 것 같다. 우리와 비슷한 또래여서인지 몰라도 언어 장벽도 그다지 문제되지 않았다. 나이가 들면 누구나 외로운 시간을 보낼 수밖에 없다. 혼자 지내야 하는 시간이 점점 많아지는 나이. 누구도 이 시간을 비켜갈 수 없는 나이. 우리는 꽤나 오래 알고 지낸 사람인 듯 수다스러운 작별 인사를 나눴다.

다리 아래로 내려가니 작은 보트 선착장이 있다. 강의 폭이 스트라스부르와는 다르다. 도시가 앙증맞다. 콜마르는 스트라스부르의 축소판이라 생각하면 된다. 구시가의 모습이 스트라스부르와 똑같다. 가는 비가 뿌리기 시작한다. 가늘게 흩뿌리는 비가 싫지 않다. 좁은 강을 사이에 두고 알자스 지역의 반목조 전통가옥들이 그림처럼 줄지어 서 있는 사이로 보트를 타고 가는 기분은 최고다. 폭이 좁은 강은 마을 중앙으로 접어들면서 점점 넓어진다. 아름다운 콜마르의 구시

가가 눈에 들어온다. 스트라스부르보다 훨씬 작은 이 마을에도 관광객의 발길은 끊일 틈이 없나 보다. 작은 미니 트램이 사람들을 가득 싣고 시가지를 돌고 있다. 굳이 미니 트램을 타고 돌아다닐 필요가 없을 만큼 작기도 하거니와 발길 닿는 대로 구석구석 다녀도 발 아픈 것을 못 느낄 정도로 아름다운 마을이다.

　가장 즐거웠던 노천식당에서의 점심 식사. 대부분의 레스토랑이 자리가 꽉 차서 빈자리를 겨우 골라 들어가서 앉았다. 레스토랑에 들어가서 제일 어려운 일은 역시나 음식 주문이다. 다행히 사진이 있는 메뉴는 그나마 선택하기가 좋은데, 글자만 나열되어 있는 음식은 알 수가 없다. 그때는 영문 메뉴를 달라고 하지만 지방으로 내려갈수록 영

문 메뉴가 없는 레스토랑이 많다.

노하우라면 노하우라 할 수 있는 게 자리에 앉기 전 주위를 눈여겨 보다가 누군가 먹고 있는 음식이 먹음직스럽다 싶으면 그곳과 가까 운 자리에 앉는다. 그리고 주문을 받으러 오면 살짝 손으로 그 음식을 가리킨다. 어떻게 보면 참 실례인 행동이다.

눈으로 테이블을 스캔했다. 드디어 찾았다. 푸짐한 햄과 돼지고기 수육, 따끈하게 찐 감자가 놓여 있는 테이블을. 마침 옆자리가 비어 있어서 누구에게 뺏길세라 바쁘게 들어가 앉았다. 그리고 스마트폰 에 다운받아간 '여행 프랑스어' 사전에 있는 '옆 테이블과 같은 음식 을 주세요.'라는 문장을 꺼내어 준비해 놓고 웨이터가 오기를 기다렸 다. 웨이터가 주문을 받으러 왔을 때 스마트폰을 보여주자 젊은 웨이 터는 열심히 들여다보며 띄엄띄엄 문장을 읽어본다. 그러고는 씩 웃 는다.

옆에 앉아 있던 손님들도 띄엄띄엄 읽는 소리를 듣고서는 재미있 다는 듯 함박웃음을 띤다. 그때부터 신기한 듯 그들의 시선이 우리를 향했다. 그럴 수밖에 없는 것이 주위를 둘러봐도 동양인은 한 사람도 눈에 안 띄고 온통 서양인들이다. 젊은이도 아니고 누르스름한 얼굴 색을 가진 두 할매가 앉아서, 자기들은 사용하지 않는 스마트폰을 꺼

누군가 먹고 있는 음식이 먹음직스럽다 싶으면
가까운 자리에 앉는다. 주문을 받으러 오면 살짝 손으로
그 음식을 가리킨다. 스마트폰에 다운받아간
'옆 테이블과 같은 음식을 주세요.'를 보여준다.

내들고 웨이터에게 보여주며 음식 주문을 했으니 웃기기도 하고 재미있어 보이기도 했겠다. 멀리서 자기 동네에 구경 왔구나 하는 호의가 눈빛에서 느껴진다. 음식이 나올 때까지 기다리고 있는 동안 오른쪽 옆에 앉아 있던 노부부가 우리에게 말을 붙인다.

우리처럼 영어를 못 하는 분이다. 첫 단어가 바로 '재팬?', 그다음이 '차이니스?', 그다음이 '싱가포르?'다. 친구가 '사우스 코리아'라고 답한다. 친구는 꼭 사우스 코리아다. 안 그러면 우리가 북한 사람인 줄 안다고 생각한다. 그래도 사우스 코리아는 알아듣고는 '아주 먼 곳에서 오셨군요.' 한다. 그 말을 영어로 안 하고 프랑스어로 했지만 나는 알아들었다.

한참만에야 음식이 나왔다. 요리 이름이 무엇인지는 몰라도 고기를 좋아하는 나는 햄, 돼지고기 수육, 따끈하게 찐 감자가 들어간 푸짐한 음식을 맛있게 먹었다.

이번에는 우리 왼쪽에 앉은 노부부가 주문한 음식이 나왔는데, 정말 환상적이었다. 야채가 푸짐한 것이 정말 맛있게 보였다. 우리는 눈이 동그래지면서 '와! 저걸 시키는 건데.' 하며 마주 보고 한탄하며 후회했다. 그 제스처가 정말 리얼했나 보다. 노부부는 그런 우리를 보며 '저 음식을 먼저 봤으면 저것을 시켰을 텐데.' 하면서 소리내 웃는다. 우리는 손뼉을 치며 '맞다!'고 맞장구를 치며 같이 웃어 댔다.

우리는 모든 수다를 국제어로 했다. 그들은 프랑스어로, 우리는 한국어로. 그런데도 서로 모두 알아들었다.

지금 생각해도 정말 신기하다. 그렇게 시작된 서양 노부부와 한국의 두 할매는 알아듣든 못 알아듣든 몇 마디씩 수다를 떨며 즐거운 식사를 마치고 디저트까지 시켜 먹었다. 디저트는 대부분 아이스크림이다. 프랑스 사람들은 아이스크림을 정말 많이 먹는다. 여름에는 디저트로 커피, 과일이 아니라 대부분 아이스크림을 먹는 듯하다. 그것도 대접처럼 커다란 그릇에 듬뿍! 우리는 도저히 배가 불러 먹을 수 없을 만큼의 양이다.

2시간 이상 레스토랑에서 즐거운 시간을 보내고 그들과 인사를 하고 일어났다. 노부부와의 인연은 여기가 끝이 아니었다.

알자스 지역에서 가장 유명한 게 와인이라 선물을 사기 위해 와인 숍을 기웃거리고 있었다. 윈도에 진열된 와인을 유심히 보고 있는데 등을 누가 툭툭 건드린다. 뒤돌아봤더니 식당에서 우리 주위에 있던 분이었다. 이곳은 많이 비싸단다. 자기를 따라오란다. 커다란 마트를 알려 준다. 그러면서 손바닥에 글자를 쓰는데, 당연히 알 수가 없지만, 나는 그것이 와인 상표를 적은 것이라 이해하고 감사의 인사를 했다. 마트에 들어가서 와인 코너를 찾았다. 아까 내가 와인 숍에서 유심히 봤던 와인과 같은 상품이다. 가격이 절반 정도다. 와우!

병도 작은 것이 앙증맞고 예뻐 세트로 사서 들고 왔다. 캐리어에 넣어 수화물로 보냈는데, 걱정은 됐지만 세관에 걸리는 물건은 아니었다. 작은 와인 세트를 받은 딸이 좋아해서 사온 보람이 있었다.

와인을 산 마트에서 껍질이 질긴 싱싱한 작은 사과도 사고, 처음 본 납작하게 생긴 복숭아(우리는 납작 복숭아라 불렀다)도 샀는데, 그 다음부터 우리는 납작 복숭아 애호가가 되었다. 달고 맛있었다. 이후 유럽의 길거리에서 나는 납작 복숭아가 눈에 보이면 무조건 사서 먹었다.

이제 이 예쁘고 정겨운 마을을 두고 돌아가야 한다. 버스 정거장으로 오는 길에 참았다는 듯 소낙비가 사정없이 쏟아진다. 정거장에서

버스를 기다리는 동안 우연히 길 건너 교회에 눈이 갔다. 무심코 쳐다본 교회 종각 꼭대기에 있는 닭! 그렇구나. 유럽에는 교회 꼭대기에 닭이 있는 것을 자주 보게 되는데 매번 예사로이 넘어갔다.

성서에 유다는 은전 서른 닢에 스승을 팔아넘겼고, 베드로는 세 번이나 주님을 모른다고 부인했다. 그 밤이 지나 닭이 세 번 울며 새벽을 알릴 때 유다는 목매 죽었고, 베드로는 스승의 말이 떠올라 슬피 울었다. 유다는 후회했지만 베드로는 회개했다. 후회에만 머물 때 인간은 한없이 나약해지지만 회개는 다시 주님 앞에 설 수 있는 용기를 준다. 베드로를 깨우치게 한 것은 닭 울음소리였다. 성당 꼭대기 십자가 위에 서 있는 닭은 뭘 잘못하고 사는지조차 모르는 인간을 향해 깨우침을 주려고 세워진 상징적인 것이다. 우연인지 아닌지는 모르겠지만 콜마르의 상징이 수탉이란다.

스트라스부르는 '프티 프랑스', 콜마르는 '프티 베니스'라고도 부른다. 작은 프랑스, 작은 베니스라는 뜻이다. 콜마르는 프랑스의 작은 베네치아라고 불릴 만큼 아름답다고 해서 붙여진 이름이란다. 베네치아보다 웅장하고 특색 있는 도시는 아니지만 단연코 아기자기한 아름다움은 베네치아보다 한 수 위라고 말하고 싶다.

개인적으로는 스트라스부르보다 콜마르가 더 좋았다. 만약 시간이 넉넉지 못해 한 곳만 가야 하는 상황이라면 콜마르보다 스트라스부르를 추천하고 싶다. 콜마르의 프티 베니스는 스트라스부르의 프티 프랑스의 축소판이라 할 수 있기 때문이다. 짧은 일정에 좀 더 다양한 볼거리를 제공받을 수 있는 곳은 스트라스부르라는 생각이 든다.

Travel Story 06

다시 찾은 프랑스

**진정한 여행은
그 땅을 축복하는 것**

파리 테러 이후
다시 프랑스로

우여곡절 끝에 떠나게 된 2016년 1월의 프랑스 여행.

2달 전 20일간의 프랑스 여행을 위해 항공권도 발권하고, TGV 예약도 끝내 놓았다. 호텔 한 곳도 예약이 끝난 상태에서 테러라는 끔찍한 사건을 접했다. 2015년 11월 13일, 자정쯤에 호텔 한 곳을 환불불가 상품으로 아주 저렴하게 예약하고 기분이 좋아서 잠들었는데 다음 날, 집안일을 대충 끝내고 TV를 켜니 아나운서의 열띤 목소리가 내 귀와 눈을 자극한다.

아직 서너 곳의 호텔 예약이 남아 있는 상태에서 두 손 놓고 연일 TV만 지켜보았다. 그때까지만 해도 상황을 좀 더 두고 보자였는데, 며칠 후 프랑스에서 IS에 대한 공습이 있었다. 이어 IS의 보복으로 추가 테러가 일어날 확률이 있어 보인다는 소식에, 이건 아니다 싶어 일단 파리여행을 취소하기로 했다. 문제는 리스크가 너무 크다는 것.

TGV 예약은 당연히 모든 티켓을 프로모션 가격으로 제일 저가로 끊었으니 환불 불가, 호텔도 일부는 환불 불가다. 항공권도 정상적인 환불이 안 되고, 수수료 20여만 원의 변제만 발생했다. 모두 합쳐 보니 60여만 원의 리스크가 생긴다. 단, 11월 30일까지는 테러 특별법으로 여정 변경 시 수수료 없이 가능하다는 정도다. 그렇다고 그냥 손 놓고 포기하기에는 좀 억울하다 싶어서 SNCF에도, 환불 불가 호텔에도 '이런 위급상황에서 부득불 여행을 취소해야 하니 환불해 줄 수 있겠냐. 상황을 고려해 달라.'는 메일을 보냈다. 안 된다는 답장이 왔다. 그들은 전 세계를 놀라게 한 이 상황을 위급하다고 생각하지 않나 보다.

여행을 예정대로 강행할까 하는 생각도 있었다. 이미 지하철을 공짜로 탈 수 있는 '지공도사'의 몸이다. 이 나이에 굳이 몸을 사릴 이유는 없다. 아이들도 이미 성인이 되었고, 가정을 꾸린 아이도 있다. 오히려 늙은 부모가 오래 살아 있는 것도 마음 한편으로는 짐스러울 수도 있다. 게다가 흔히 우스개로, 아내가 사망하면 남편은 '화장실에 들어가서 몰래 미소 짓는다.'는 말도 있다. 주저되는 것은 주위의 시선 때문이다. '이 시국에 프랑스로 여행을 떠나? 완전 여행에 미친 여자 아니야?' 등등. 남들의 수군거림에 나는 약하다.

　프랑스 여행은 접고, 항공권 수수료 20여만 원이라도 건져보고 싶기도 하고 오래전부터 궁금했던 동유럽의 겨울도 보고 싶어서(그동안은 여름에만 다녔다) 여정을 체코, 오스트리아로 틀어 항공권을 변경했다.

　열흘쯤 지난 후 이번에는 항공사 측에서 연락이 왔다. 갈 때는 대한항공기이고 올 때는 공동 운항 체코 항공기인데 공교롭게 귀국하는 날, 체코에서 자국기 점검이 있어 그날 항공 운항이 모두 취소되었다는 것이다. 부득이 일정을 조정하든지 취소 후 다시 여정을 잡아야 한단다.

　'참, 이게 뭔 일이야.'

　다행히 고마운 것은 항공사 측 문제로 캔슬되는 것이라 전액 환불이 된단다. '그럼 20만 원의 취소 수수료는 벌었네.'라고 생각하고 마음을 접었다. 이번에는 동행하려던 친구의 아쉬움은 너무 컸나 보다. 자유여행이 처음이라 얼마나 기대하며 설레었는지, 그 설렘이 무산되는 것을 못내 아쉬워했다.

　이런저런 고민 끝에 프랑스에 묶여 있는, 환불받지 못한 돈도 아까

운 생각이 들고 시간이 지나면서 테러의 충격이 조금씩 완화되는 듯
도 했다. 이 와중에 용기 내어 파리로 여행 다녀온 몇몇 사람의 후기
를 보니 괜찮은 듯해 보여 마음을 다시 프랑스로 돌렸다.

　여행을 가기로 결정하고 다시 프랑스 파리행 대한항공 티켓을 끊으
려니까 기존 항공료보다 20만 원 정도 싸다. 테러의 영향인 듯하다.

　포기하고 있었던 TGV와 호텔 등 환불 불가 금액을 부활시켰으니
이런 것을 두고 '위기가 곧 기회'라고 말할 수 있으려나. 아니다. 프랑
스는 나의 운명이었다.

　꽤 저렴한 금액으로 겨울 프랑스 여행을 가게 되었다. 대신 아직도
위험이 도사리고 있는 파리에 머무르는 일정을 줄였다. 그동안 가보
지 못했던 프랑스 남부로 가는 길목 정도로만 파리에 들르고, 따뜻한
남쪽으로 떠나기로 했다. 첫 자유여행으로 프랑스를 갈 때와는 또 다
른 새로운 긴장감과 기대감이 동시에 들었다.

슬픔의 현장,
바타클랑 공연장

파리 도착 후 두 할매의 첫걸음은 2015년 11월 테러가 발생한 바타클랑(Bataclan) 공연장으로 향했다. 바타클랑 공연장이 테러가 발생한 곳이어서 단순히 호기심으로 가려고 했던 것은 절대 아니다.

테러가 일어나기 오래전부터 이번 여행길에 가보아야 할 리스트에 들어 있었다. 공지영 작가와 함께 1년에 걸쳐서 집필한『사랑 후에 오는 것들』이란 책 때문에 우리에게도 많이 알려진 작가 쓰지 히토나리가 쓴『언젠가 함께 파리에 가자』라는 책에도 소개된 곳이다. 프랑스에서 한동안 살면서 터득한 잡다한 지식과 생활방식, 모두가 찾아가는 관광명소보다 거의 알려지지 않은 파리의 뒷골목, 산책길, 빵집, 카페 등을 소개하는 책이다. 150년 넘게 공연을 하고 있다는 바타클랑 공연장도 소개하고 있다. 그때부터 파리에 가면 꼭 가봐야지 하면서도, 첫 번째와 두 번째 여행에서는 파리의 유명 장소를 찾아다니는 것만으로도 벅차서 이곳까지 가볼 여력이 없었다. 이번에는 꼭 가보리라 맘먹고 1순위로 넣었다. '시간이 맞으면 공연도 볼 수 있지 않을까?' 하는 기대도 내심 품고 있었다.

여행 준비를 하고 있던 중에 발생한 파리 테러. 바타클랑 공연장에 난입한 테러범들의 무차별 총격으로 100여 명의 사망자가 발생했다. 150년이 넘도록 맥을 이어온 바타클랑 공연장은 어떤 곳일까? 기대와 설렘을 가지고 찾아보리라 생각했던 공연장이 조심스럽고 숙연한 마음으로 찾아가야 하는 추모장으로 바뀐 것이다.

테러가 발생한 바타클랑 공연장은 5호선 오베르캄프(Oberkampf) 역에서 내리면 된다. 출구로 나와 어느 방향으로 가야 하는지 알 수 없어 잠시 머뭇거리다가 지나가는 행인에게 물었다. 가리켜 주는 방향으로 조금 걸어가는데 건물 사이에서 독특한 집이 눈에 띈다. 중국풍 집이라 생각하며 집 모양을 자세히 보니 'Bataclan Cafe'란 글자가 눈에 들어온다. 아, 저기구나!

알고 보니 바타클랑은 지금으로부터 150여 년 전인 1864년, 건축가 샤를 뒤발에 의해 당시 유행하던 '시누아즈리(Chinoiserie)' 스타

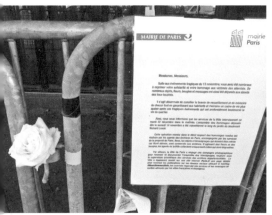

일로 처음 지어졌다고 한다. '시누아즈리'는 17세기 후반에서 18세기 중반 유럽 귀족 사이에 일어난 중국풍 취미를 가리키는 말이다. 예나 지금이나 특권층은 남다른 취미를 가지는 것이 일종의 신분증명서인가 보다.

비교적 이른 시간이지만 생각보다 조용했다. 조심스러운 마음으로 다가갔는데, 불과 2달 전 끔찍한 테러로 세계를 경악시켰던 요란스러움은 없다. 문은 닫혀 있고, 그 앞에 몇몇 방문객과 작은 꽃 하나를 놓아두고 묵념하는 사람 한두 명이 보일 뿐이다. 너무나 한가하고 평범한 일상의 분위기에 오히려 우리가 당황스러웠다. 두 할매는 시끌벅적한 통곡의 현장이나 또는 그에 버금가는 어떤 상황을 목격하게 되리란 불경스러운 생각을 했었는지도 모르겠다. 조심스러운 말이지만, 어떤 사건이 일어나면 넘치는 애정과 동정심, 정의로움 등으로 올인하는 우리의 국민성과 사뭇 비교되는 장면이다. 일상적인 평범한 분위기에 '이게 전부야?'라는 생각이 들어 주위를 둘러보니, 공연장 건너편에서 조촐한 추모의 현장이 눈에 띈다. 희생자들을 위한 번듯한 제단이 아니라 도로 위다.

각국의 언어로 남겨진 글들과 그들을 위로하는 꽃들이 놓여 있다. 아무런 이유 없이 죽임을 당해야 했던 그들을 대신하여 분노하고 슬

퍼하고 안타까워하고 아파하고 있다. 이 땅을 떠난 이들에게 안녕을 고하는 인사 글들이 목을 메게 한다.

이 모든 것도 지나갈 테다. 우리를 경악하게 하고 아프게 했던 사건도 시간이 좀 더 지난 후 역사의 현장으로, 사건으로 기록되리라. 오로지 이유 없이 희생당한 그들의 피붙이만이 평생 이 절절한 아픔을 안고 무덤까지 갈 것이다. 먼저 간 사람들의 안타까움보다 그들을 평생 가슴에 묻고 살아가야 할 사람들이 가여워 목이 멘다.

우리가 한국인이란 것을 알아본 현지인이 말없이 이미 누군가가 놓고 간 태극기를 활짝 펴서 보여준다. 말 없는 그 행위에 테러를 저지른 이들을 향한 분노와, 이유 없이 죽어야 했던 가엾은 영혼을 위한 기도, 평화를 향한 기원이 서로 공유된 듯 우리는 눈을 마주치며 감사의 인사를 나눴다.

왜 요즘 젊은이들은 이러한 폭력을 서슴지 않는 IS에 매력을 느끼는 것일까? 종종 TV를 통해 부모와 국가를 등지고 IS에 가담하는 젊은이들을 본다. 혈기 왕성한 젊은이들을 유혹하는 IS의 매력이란 게 이런 폭력성이란 말인가? 그 안에 어떤 심오한 국가관과 세계관과 철학이 있는지 모르겠지만, 대상을 가리지 않는 무차별적인 폭력은 아니지 않는가. 테러의 대상이 되어야 할 아무런 이유가 없는 시민들에게 무모하게 총을 휘두른 IS 무장단체의 위험성을 깨닫길 바란다.

IS의 매력에 빠져 스스로 찾아 들어가는 젊은이들이 발길을 멈추었으면 좋겠다.

이유 없이 희생당한 그들의 피눈물만이
평생 절절한 아픔을 안고 무덤까지 갈 것이다.
먼저 간 사람들의 안타까움보다 그들을 평생 가슴에 묻고
살아가야 할 사람들이 가여워 목이 멘다.

마르세유

자유여행, 그 유쾌한 황당함

파리 리옹 역에서 약 3시간 만에 도착한 마르세유(Marseille)는 1월임에도 날씨가 한껏 따뜻했다. 마르세유의 주요 관광 포인트는 구 항구다. 구 항구 근처에 숙소를 잡았다. 숙소 위치는 최고였다. 이 호텔을 환불 불가로 3박을 예약했다. 자정쯤에 예약을 했고 파리 테러는 몇 시간 후에 일어났다.

프랑스 여행을 계획했던 사람들이 대부분 취소를 했다. 나도 고민하다가 여행을 취소하기로 마음먹고 일부 호텔 예약을 취소했다. 이곳에도 메일을 보내어 사정을 이야기하고 환불을 부탁했는데, 환불 불가라는 답장이 왔다. '너희 나라의 테러로 우리나라에서는 여행 경고가 떨어졌다. 이런 상황에 환불 불가라니 말이 안 된다.' 단답형밖에 할 줄 모르는 영어라 영어 선생님인 이웃의 힘을 빌려 수려한 문장으로 때로는 부드럽게, 때로는 강하게 어필했음에도 돌아오는 대답은 냉정했다. 그러다 결국 이 숙소로 오게 됐는데 마음속으로 좀 괘씸하게 여기고 있었다. 유감을 표시해야겠다는 마음을 먹고 호텔에 들어섰다.

막상 체크인을 하는데 슬프게도 현실은 유감을 표시할 만큼의 스피킹이 안 된다는 것이다. 마음으로는 무슨 말이라도 나올 것 같은데 막상 입이 안 떨어진다. 그러다 여권을 돌려받을 때 나온다는 말이 쌩큐다. 이런 괘씸한⋯. 쌩큐란 말을 뱉어 놓고는 혼자 속상해서 속이 부글부글 끓었다. 참으로 '아는 것이 힘'이다.

여행 떠나기 전 막연하게 '마르세유는 위험하다.'는 풍문에 두려운

생각이 들었지만 막상 가보니 '왜?'란 느낌이 들 정도로 쾌적했다. 그러면서도 항구에서 뿜어져 나오는 기(氣)는 이곳이 결코 만만치 않은 치열한 삶의 현장이라는 것을 감지할 수 있었다.

그런 분위기가 연출된 원인은 역사적으로 이민자들이 대거 들어와 삶의 터전을 꾸렸기 때문이라는 생각이 든다. 20세기 초반에는 이탈리아인들이 대거 들어왔고, 러시아 혁명 이후에는 동유럽인들이 밀려 들어왔다. 프랑스의 북아프리카 식민지 개척과 독립 과정을 통해 알제리인도 자연스럽게 늘어나 현재 인구의 3분의 1가량을 차지하고 있다. 우리가 만난 마르세유의 구 항구도 내 눈에는 절반 이상이 다양한 인종의 사람들인 듯하다.

여기에 오고 싶었던 이유는 마르세유 그 자체보다 여기에서 배를 타고 갈 수 있는 이프 섬이 있어서였다. 이프 섬은 어릴 적 영웅이었던 몬테크리스토퍼 백작이 누명을 쓰고 바다 밑 성채에서 14년이나 갇혀 있다 감옥에서 죽은 사람 대신 포대에 들어가 망망대해에 던져져 탈출한 곳이다. 정치적인 누명을 씌우고, 평생 빠져 나올 수 없는 성채에 가두고, 생명보다 귀하게 사랑했던 아름다운 약혼녀를 뺏어간 악당 무리를 찾아 차례차례 복수를 하는 멋진 사나이. 만화로도, 영화로도 나왔던 배경. 이프 섬에 꼭 가고 싶었다.

숙소에 짐을 풀고서 제일 먼저 찾아간 곳이 선착장. 이프 섬 가는 배 시간을 알아보기 위해서였다. 그런데 정확한 시간은 가르쳐 주지 않는다. 내일 되어 봐야 배가 출발하는지 안 하는지 안다면서 다시 오란다. 난감했지만 어쩔 수 없이 다음 날 갔더니 날씨 때문에 배가 안 뜬단다. '내일은?' 하고 물으니 내일은 아예 배편이 없단다. 이런 슬픈 일이…. 항구 앞에 숙소를 정한 이유는 쉽게 배를 타고 이프 섬에 가기 위해서였는데.

항구에서의 날씨는 꽤 괜찮았다. 바람도 별로 없고, 보기에는 파도도 별로였는데도 출항을 안 한다. 겨울이어서 여름보다 배편이 없을 줄은 알았지만 이 정도인 줄은 몰랐다. 시간표를 한 장 받아들기는 했지만 겨울에는 시간표가 별 소용이 없다.

이럴 때 가장 빠른 나만의 위로법은 '나의 시간표와 하느님의 시간표는 다르다.'는 것을 받아들이는 거다. 빠른 포기는 사람을 건강하게 한다. 그 시간에 마르세유를 구석구석 보자는 데 친구와 합의하고 강변을 따라 천천히 발걸음을 옮겼다.

"몬테크리스토퍼 백작이여, 안녕~"을 고하며.

광활하게 펼쳐진 바다를 마주 보고 늘어서 있는 레스토랑. 그중에서 제일 만만하게 들어갈 수 있는 피자집으로 들어갔다. 몸도 마음도

편안하다. 1월의 마르세유는 봄처럼 따뜻했다. 넓은 바다에서 풍겨오는 옅은 바다 냄새도 좋다. 여기저기서 보이는, 우리와 다른 피부색을 가진 사람들과 간간이 들려오는 낯선 언어와 소리들.

아! 이게 여행이구나. 처음 자유여행을 온 친구도 여행의 참맛을 음미하는 듯 조금은 들뜬 분위기를 자아낸다. 나는 그동안 준비해 놓았던 엽서를 꺼내어 손주에게 몇 자 적었다. 문득 '내 꿈이 이루어졌구나!' 하는 생각이 머리를 스치고 지나간다. 가끔 영화나 TV 속에서 이런 장면을 봤던 적이 있었다. 낭만이 있고 멋있어 보여 나도 저런 곳에서, 저렇게 앉아 사랑하는 사람에게 엽서를 보내는 꿈을 꾼 적이 있었다. 상대가 사랑하는 영감이 아니라 손주라는 것이 다를 뿐이다.

피자 한 판과 음료수 두 잔. 우리 동네 화덕 피자 맛이랑 별반 다르지 않다. 맛있게 먹고 푹 쉰 다음 계산서를 언제 갖다 주나 하고 기다려도 사람이 안 온다. 나가면서 카운터에서 계산을 하는 건가 싶어 카운터로 갔다. 도로 쪽 테이블에서 먹었는데 카운터는 건물 안에 있다. 들어가 보니 카운터가 세 군데나 있다. 어디에 돈을 내어야 할지 몰라서 일단 첫 번째 카운터로 갔다. 아니란다. 두 번째 카운터도 아니란다. 세 번째 카운터에서도 고개를 절레절레 흔든다. 어쩔 줄 몰라 통로 쪽에 서서 두리번거리며 사람이 올 때를 기다렸다. 기다리다 못해 첫 번째 카운터로 다시 갔다. 그제야 뭘 먹었느냐고 묻고는 계산을 해준다. 이건 무슨 시스템? 20분 넘게 우리가 통로에서 왔다 갔다 한 모습을 지켜본 것 같다. 돈 주고 바보가 된 듯한 느낌이다. 돌아오면서 우리는 '주지 말고 그냥 와도 될 뻔했다. 주지 말걸.' 하고 뒤늦게 후회를 했다. 내가 위로차 말했다. "그래도 우리는 한국인이니까."

가이드북에 소개된 마르세유에서 가장 오래되었다는 르파니에(Le Panier)를 찾아가 보기로 했다. 워낙 오래된 동네라 웬만한 사람은 다 알겠거니 생각하고 지나가는 사람에게 르파니에를 물어보았다. 그런데 의외로 사람들이 고개를 갸우뚱하고 그냥 지나친다. 오래된 동네라 젊은이들은 잘 모르나 싶어 내 나이 또래의 아줌마, 아저씨들이 왁자하며 지나가기에 옳거니 하고 다가가 물었다. 모두들 아는 체하더니 한 아저씨가 자기가 알려 주겠다며 나선다. 프랑스어로 말하는데 우리가 못 알아들으니 기사도 정신을 발휘하여 자기를 따라오란다. 임자를 만났다 싶어서 따라갔다. 아저씨의 발걸음이 갈수록 빨라져서 뛰다시피 따라가야 했다. 그러다 어느 순간 아저씨를 놓쳤다. 아저씨가 안 보인다 싶어서 이리저리 찾다가 뒤늦게야 깨달았다. 우리를 놔두고 도망쳤다는 것을. 황당하고 허탈해서 배꼽이 빠져라 웃어 댔다. 아저씨가 무리 속에서 난 체를 좀 하고 싶었던 것 같다. 아니면 알기는 하는데 정확히는 몰랐던가. 겨울 해는 이미 어두워졌고 어쩔 수 없이 숙소로 돌아가기로 했다. 돌아오면서 그 어설픈 아저씨를 재료로 어찌나 웃어 댔는지 모른다. 여행은 황당함이 오히려 더 즐거울 때가 있다.

다음 날 친구는 오늘은 파에야를 먹어보잔다. 친구는 마르세유에 도착하고 난 후부터 줄곧 여행에 데리고 와줘서 고맙다고 파에야를 한 턱 쏘겠다고 했다. 마르세유에 오면 전통음식 파에야를 꼭 먹어봐야 한다면서.

"파에야? 마르세유에도 파에야가 있어?"라고 되물었다. 있단다. 파에야는 마르세유의 특산품인 해산물을 듬뿍 넣고 국물도 있어 먹기에 좋단다. 그 말에 더욱 의아해서 "국물? 파에야는 밥인데? 볶음밥처럼 해물도 들어 있긴 하지만 국물은 없는데."

스페인에서 파에야를 두 번이나 먹었던 기억이 있다. 그래도 친구는 자기 말이 맞다고 한다. 오기 전에 공부를 했다면서 유명 블로그에 보니까 마르세유에 가면 꼭 맛봐야 할 전통음식으로 소개하고 있으며, 가격도 7만~8만 원 한단다.

"음, 파에야는 밥인데…." 그래도 친구는 아니란다. 확신에 찬 목소리에 더 이상 대구를 못 했다. 이제 나는 연식이 좀 오래된 사람이라 누가 자꾸 우기면 자신이 없어진다.

'그런가? 마르세유에서는 국물이 있는 음식을 파에야라고 부르나? 아니면 내가 착각하고 있는지도 모르겠다.'고 생각했다. 음식점 앞에 붙여 놓은 메뉴를 보면서 파에야 하는 식당을 찾았다. 그러다 문득 생각이 떠올랐다. 나도 여행 오기 전 검색을 좀 했던 터라 "혹시, 부야~ 뭐라는 음식 아니야?" 하고 물었다. 그때서야 친구 왈, "아~ 그래 맞다. 부야베스!" 한다.

에쿠, 이제야 인정하네. 그렇게 우기더니. 친구 얼굴을 보며 핀잔을 줬다. 서울 안 가본 사람이 서울 가본 사람보다 더 잘 안다더니.

미처 보지 못한 재래시장 구경도 할 겸 과일을 사러 갔다. 시장이 시작되는 입구에 왕관을 쓴 여성의 동상이 있는데 어떤 상징물인지는 모르겠다. 그 밑의 쓰레기들이 인상적이다. 항구 도시답게 늦은 시간이지만 해산물 파는 가게도, 과일 파는 가게도 사람들로 붐빈다. 그 틈에 끼어 과일을 이것저것 봉지에 담고 무게를 단다. 현지인처럼 재래시장에서 그들 사이에 끼어 물건을 흥정하고 사는 일은 여행에 의미를 부여할 뿐 아니라 뿌듯한 느낌마저 준다.

과일이 든 비닐봉지를 들고 털레털레 걸어가는데 왼쪽 뒤에서 누

온몸에 소름이 좌~악. 티내지 않고 부지런히 걸었다.
복잡한 시장을 빠져나오고서야 뒤돌아봤다.
아, 그랬구나. 양쪽에서 작업을 걸었어.
지갑은 다행히 크로스백 안쪽 지퍼 속에 있었다.

가 어깨를 툭툭 친다. 뒤돌아보니 준수하게 생긴 청년이 등에서 무언가를 쓱 털어내는 듯하더니 나에게 하얀 티끌을 보여주며 미소를 짓는다. 아, 내 등에 뭔가가 묻어서 떼어 준다는 뜻인가 보다 하고 상큼하게 웃으며 '쌩큐' 했다. 고개를 돌리는 순간, 이번에는 오른쪽에서 뭔가가 내 손등을 스치는 듯한 느낌에 얼른 고개를 돌리니 검은색 얼굴의 청년이 쓱 지나간다.

순간, 아차!!!! 이거야!!!!!!!

온몸에 소름이 좌~악. 티내지 않고 부지런히 걸었다. 복잡한 시장을 빠져나오고서야 뒤돌아봤다. 아, 그랬구나. 양쪽에서 작업을 걸었어. 아마 그들은 내가 시장에서 이리저리 사진을 찍는 것을 보았을 테다. 여행객인 줄 눈치챘고 주시했을 것이다. 그러고는 행동 개시.

지갑은 다행히 크로스백 안쪽 지퍼 속에 있었다. 크로스백은 작아서 커다란 손이 들어가 지퍼를 열기에는 역부족이었을 것이다. 그들은 내가 오른쪽 호주머니에 폰을 넣은 것을 알고 있었던 듯하다. 내 신경을 왼쪽으로 유인하고 순간적으로 오른쪽 주머니에 손을 넣고 싶었겠지만, 마침 겨울이어서 휴대폰을 잡고 있던 내 손은 오른쪽 작은 주머니 안에 걸쳐져 있었다. 덕분에 지갑과 휴대폰은 모두 무사했다.

간절한 기도와
가족의 오해

　패키지여행처럼 헤쳐 모여가 없는 자유여행은 좋은 점이 참 많다. 벨쥐 강변을 천천히 걸으며 여기저기 사진을 찍기도 하고, 다른 피부색의 사람들을 눈여겨보기도 하며, 아시아인을 보면 일본인인지, 중국인인지, 한국인인지를 맞혀보는 재미도 있다. 그러다 눈에 들어온 미니 관광열차와 요란하게 적혀 있는 글자. 다른 글자들은 모르겠고 노트르담 성당은 알아보겠다. 노트르담 성당이 좀 높은 곳에 있어 걸어서 올라갈까, 택시를 탈까 고민하고 있었는데 관광열차를 보는 순간 망설일 이유가 없어졌다.

　미니 관광열차는 마르세유 구시가 좁은 골목길을 돌아서 해안가로 나와 달리는데, 저만치 이프 섬이 동화책에서 보았던 모습으로 바다

한가운데 떠 있다. 그러나 막상 가면 아무것도 없단다. 어쩌면 가보지 않아서 더 가고 싶어 안달이 나고 멋있어 보이는지도 모르겠다. 원래 놓쳐버린 게 더 아까운 법이니까.

관광열차가 최종 목적지까지 가는 동안 마르세유의 이름난 명소들을 지나간다. 잠시 내려줘도 좋으련만 중간에 서지 않았다.

노트르담 성당에 와서야 우리를 내려준다. 노트르담 성당은 이름값을 하는 듯 역시나 아름답다. 마침 미사 시간이어서 친구를 기다리게 하고 미사를 드렸다. 낯선 나라에 와서 성당 미사 시간이 맞는 경우는 극히 드물다. 나는 그 시간을 하느님이 내게 주신 특별한 은총의 시간이라 생각하고 가능한 한 참석한다. 미사 전례 때의 낯선 언어도 낯설게 느껴지지 않는다. 미사 통상문은 전 세계가 같기 때문이다.

마르세유 노트르담 성당의 하얀 줄무늬 외관은 프랑스풍이라기보다 이탈리아 피렌체 두오모 성당을 생각나게 한다. 내부도 노트르담이란 이름에 어울리게 섬세하고 아름답다. 미사가 끝나고 모두 우르르 나가는 틈새로 노부인 한 분이 제대 앞에 나아가 간절한 마음으로 기도를 드린다. 두 손을 꼭 모은 채 고개를 푹 숙이고 기도하는 뒷모습을 보니 그 간절함을 멀리서도 느낄 수 있었다. 마음이 찌릿하다. 나도 저렇듯 간절하게, 아니 더 간절하게 기도했던 적이 있었다.

딸 아이가 여섯 살 때 사고를 당하기 전, 잊지 못할 꿈을 꾸었다. 학교에서 공부를 하고 있는데 갑자기 교실의 유리창이 와장창 깨어져 떨어졌다. 순간 각 방에서 수녀님들이 황급히 뛰쳐나와 유리 조각들을 주워 담는 꿈을 꾸었다.

그날 아이는 할머니와 길을 가다 달려오는 오토바이에 부딪혀 저만치 날아가서 땅바닥에 뒹굴었다. 그 오토바이는 우리 집에서 조금 떨어진 수족관 가게의 것이었다. 신기하게도 아이는 아무 외상도 없이 그대로 일어났다. 놀란 할머니가 아이를 데리고 인근 병원으로 갔는데 X레이 검사상으로는 아무 이상이 없었다. 의사 선생님이 "지금은 별 이상이 없지만 혹시라도 뭘 먹었을 때 토하면 바로 큰 병원으로 데리고 가세요." 했단다. 그날 밤 나는 걱정으로 한숨도 못 자고 아이를 지켜봤는데 '아야' 소리만 가끔씩 낼 뿐 그런대로 괜찮았다.

다음 날 아침, 아이는 빈속에 우유를 한 모금 마시다가 바로 토해 냈다. 그때서야 의사 선생님 말씀이 생각나 서둘러서 큰 병원에 갔다. 상황을 말씀 드리니 지체 없이 사진을 찍자고 하더니 사진을 본 후에는 1초의 망설임도 없이 수술 준비를 한다.

여섯 살 난 여자아이 머리를 면도날로 빡빡 밀고, 팔에는 수혈주사를 꽂았다. 어린이 수술복을 미처 입히지도 못하고, 웃통을 홀랑 벗긴 채 의사 선생님은 아이를 안고 수술실로 뛰어들어갔다. 그토록 절박한 상황이었음을 그때서야 알았다. 간호사가 내게 종이 한 장을 내밀고 도장을 찍으라고 했다. 최선은 다하겠지만 뒷일은 알 수 없다는 말과 함께.

아이가 수술을 받고 있을 동안 성당에 갔다. 그 전날 성당에서 단체 헌혈과 헌혈증 모금이 있었다. 나는 그날도 헌혈을 하고, 그동안 모아 둔 몇 장의 헌혈카드를 모두 필요한 사람에게 보냈다.

다음 날 바로 아이가 사고를 당하고 수술을 받게 된 것이다. 수술실에 들어갈 때 이미 아이는 수혈주사를 꽂고 들어갔는데 막상 내 아이를 위해 쓸 헌혈카드는 한 장도 없었다.

당혹스러웠다. 성당에 가서 기도를 하면서 하느님께 막 대들었다. '어떻게 이럴 수 있느냐고, 이런 일이 생길 줄 모르고 헌혈카드도 이웃에게 다 줬는데 왜 내 자식에게 사고가 생기느냐고, 내 피 도로 돌려 달라.'고 막 울면서 대들었다.

"수술은 잘 끝났지만 보름 후 재수술을 받아야 한다."고 의사 선생님이 말씀하셨다. 그러나 아이는 의외로 빨리 회복되어 의사 선생님을 놀라게 했다.

"야! 이 녀석, 참 운 좋은 녀석이네!"

기도에 응답해 주신 하느님께 감사하는 마음으로 한동안 혼신을 다하여 성당 문턱이 닳도록 드나들었다. 아이도 자신의 생명이 온전히 보존되고 살아 있음에 스스로 행운아라 여기며 지냈을 거라 생각한다. 10년, 20년 세월이 흐르면 매사 그러하듯 감사한 마음도 그냥 평범한 일상으로 희석된다. 아이 머리에는 절개해서 꿰맨 15센티미터가량의 커다란 흉터가 남아 있다. 자라면서 흉터는 긴 머리로 가려지고, 매일 일상을 소화해 내기에도 빠듯한 엄마 눈에는 어느새 아이의 머리 흉터가 보이지 않는다. 눈에 보이지 않으니 마음에도 깊게 담겨 있지 않다. 어쩌다 보게 될 때의 그 생소함이란.

30년 동안 매번 머리를 감고, 매일 아침 거울을 보며 머리 손질을 했던 아이는 매순간 그 상처를 확인했을 터이다. 15센티미터나 되는 큰 상처가 잘 숨겨질 수 있도록 머리 손질을 할 때마다 신경 써서 했을 터이다. 그런 불편함을 일상인 양 아무렇지 않게 행동해 온 딸의 마음을 나는 그 아이처럼 느끼지 못하고 알지 못했다. 내가 낳고 키운 아이라 하더라도 나 자신은 아니었기 때문일 테다. 우리는 가까운 사람끼리 얼마나 알고 지내며 살까?

아이가 수술을 끝내고 힘든 고비를 넘기고 병원에 있을 때 나는 컴퓨터 학원을 운영하고 있었다. 신학기가 되면 매일매일 새 학생들이 부모 손에 이끌려 학원에 왔다. 아이들과 학부모들을 상담하느라 정신이 없었다. 병원에서 밤을 지새우고 집에 들를 여유도 없이 학원으로 바로 가야 했던 날엔 몸에서 병원 냄새가 심하게 났다. 이런 모양새로 학부모를 만나면 신뢰감을 주지 못할 거라는 생각에 바쁜 마음에도 목욕탕에 들러 샤워를 하고, 양품점에 들러 블라우스를 사서 갈아입고 나왔던 적도 있다.

시간이 많이 지난 뒤 무슨 일로 시어머님이 나를 타박하실 때 "너는 니만 생각하고 아이 엄마라는 게, 그때 아이가 수술하고 병원에 누워 있는데 쇼핑이나 하러 다니고."라며 옛일을 들춰내는 것이었다.

순간 정말 깜짝 놀랐다. 내 머릿속에 전혀 남아 있지 않았던 20년 전의 사소한 일로 나를 추궁하시는 거다. 갑자기 날아온 말이라 그 순간, 시간을 기억 속에서 소환하지 못해 아무 말도 못했다. 시간이 좀 지난 후에야 그 일을 떠올렸다. 어머니가 그렇게 나를 자기만 아는 사

람으로 몰아붙였을 때, 그럴 수밖에 없었던 상황을 말하지 못했던 것이 억울했다. 나 자신을 위한 행동이 아니라 가족의 생계를 위해 꼭 필요한 일이었다. 어머니는 긴 세월 동안 나를, 자식도 뒷전으로 하고 저만 아는 이기적인 인간으로 생각하고 계셨던 걸까.

상대방의 행동에 대한 판단은 자신이 머문 자리에서 주관적인 관점으로 볼 수밖에 없는 한계가 있다. 우리는 얼마나 많이 서로 작디작은 감정의 오해를 간직한 채 상대를 대할까. 우리가 알고 있는 대부분의 사실이 오해는 아닐는지. 이런 깨달음이 자주 생기다 보면 어느 순간 조금씩 너그러운 사람으로 성숙하게 됨을 느낀다. 여행도 그런 감정을 가지게끔 하는 요소 중 하나다.

작은 광장에 있는
빈민 구제원

랑슈광장(Place de Lenche)이라는 이름의 작은 광장에서부터 마르세유의 오래된 골목길 탐색이 시작된다. 작은 광장은 이웃 주민들의 쉼터인 듯하다. 광장에선 밴드의 길거리 공연 등이 벌어지기도 한다. 골목길로 들어가니 시멘트벽이 심하게 떨어져 나간 집들이 연이어 나오고, 사이사이 골목으로 이어지는 길을 지나면 또 다른 역사지구를 만난다.

마르세유에서 가장 핵심적 유적지 중 하나인 '빈민 구제원'도 골목 사이의 작은 광장에 위치하고 있다. 파니에(Panier) 구시가의 빈민 구제원은 나치에 의해 집이 파괴당한 146가구가 집단으로 거주했던 곳이다. 당시 독일과 이탈리아는 지중해를 둘러싼 세력 다툼을 위해 마

르세유 항을 무참히 파괴했다. 도시는 1942년 11월부터 1944년 8월까지 독일에 점령되었는데, 구 항구의 북쪽인 파니에 지역은 가난한 어부나 항구 노동자들의 거주지이자 레지스탕스, 공산주의자, 유대인들의 게토와 같은 곳이었다. 나치는 1943년 2월 단 하루의 여유를 주고 2만 명의 거주민들에게 소개 명령을 한 뒤 이 지역을 다이너마이트로 처참하게 파괴했다.

시간이 한참 흐른 후 사진을 보면 그곳이 그리워 가슴이 멜 때가 있다. 마르세유도 그중 한 곳이다. 강변을 따라 천천히 산책하듯 걸으며 만난 17세기 건축물 생장(St. Jean), 생장 요새와 긴 다리로 이어진 MuCEM 문명 박물관, 그곳에서 바라본 마르세유 전경, 유난히 아름다워 눈에 바로 꽂혔던 마요르 성당 등. 1월의 마르세유는 참 따뜻하고 편안했다. 불어오는 바닷바람의 향이 지금도 느껴진다. 조금은 거친 듯 자유로웠던 곳.

엑상프로방스

— 낯선 곳에서 느끼는 자유함

오늘은 엑상프로방스(Aix-en-Provence)에 다녀오기로 한 날이다. 친구가 몸살기가 있다며 푹 쉬어야 내일이 편할 것 같다고 한다. 여행 5일째 되는 날이어서 피로를 느낄 때가 되었다. 자유여행을 시작하면서 알게 된 것인데, 대부분 여행을 시작하고 일주일 전후로 한 번쯤 심한 피로를 느낀다. 사람들은 여행이 힘들고 체력이 바닥나서라고 생각한다. 내 생각은 다르다. 여행 자체가 힘들어서라기보다는 여행 출발 전부터 피로 원인이 있다고 생각한다. 어릴 때 수학여행이나 소풍 가기 전날, 설렘으로 밤을 지새운 적이 있을 것이다. 설렘에 밤잠을 설치기도 하고, 패키지여행과는 달리 낯선 곳에서 모든 것을 스스로 해결해야 한다는 두려움 때문에 이런저런 걱정에 잠을 설치기도 한다.

특히 결혼한 여자들은 장기간 집을 떠날 때 집안일에 대한 걱정이 크다. 그래서 출발하기 며칠 전부터 이불 빨래며, 대청소며, 남아 있는 식구들 밑반찬을 준비하느라 쉴 새 없이 움직인다. 그런 중노동 끝에 출발하면 장거리 비행에다 시차도 있으니 인체의 균형이 깨지는 것은 당연하다. 현지에 도착해서도 며칠간은 낯선 도시와 분위기에 긴장되어 피로를 못 느끼다가 조금씩 적응되며 몸과 마음이 느슨해지면서 그제야 피로가 확 밀려온다.

나도 항상 그렇다. 그때 내 유일한 처방약은 아스피린이다. 아스피린 두 알이면 된다. 전날, 몸이 찌뿌둥하고 몸살기 조짐이 있다 싶으면 아스피린 두 알을 먹고 푹 잔다. 아침에 깨면 땀이 질펀하게 나 있고, 상대적으로 몸이 개운하다. 그리고 하루쯤은 숙소에서 자고 먹고 쉬기도 한다. 오늘은 친구가 그런 날이다. 약 먹고 푹 쉬라 하고는 혼자서 숙소를 나섰다.

엑상프로방스는 마르세유와 가깝다. 버스나 기차로 30~40분이면 갈 수 있다. 기차역이 있는 곳에 버스 정거장도 있다. 일단 그곳에 가서 버스로 갈 것인지, 기차로 갈 것인지를 결정해도 좋다. 버스 정거장 맞은편에 마르세유 대학교가 있어서 찾기 쉽다. 기차는 티켓을 구매해야 하고, 버스는 바로 탄 뒤 기사에게 요금을 줘도 되니 버스가 더 편하다고 생각한다. 버스도 많으니 굳이 버스 시간을 알고 갈 필요 없이 시간 여유를 가지고 가면 된다.

마르세유를 출발할 때는 날씨가 흐리기만 했는데 엑상에 도착하니 가랑비가 내리고 있다. 언제나처럼 터미널에서 안내센터를 찾았는데 안 보인다. 터미널 밖 간이매점에서 아쉬운 대로 6유로에 지도를 구입했다. 도로를 따라 5분 정도 걸어가니 넓은 광장이 나오고 여행센터와 우체국이 있다. 마르세유에서 손주에게 보낼 엽서를 우체국이 눈에 띄지 않아 가방에 넣고 다녔는데 우체국이 보여 반가운 마음으로 바로 들어갔다. 테이블로 가서 동남아시아 계열의 직원에게 엽서를 내미니 한국인이냐면서 어디 사느냐고 묻는다. 예상 밖의 질문이었다. 여행객이라고 했더니 그도 조금 뜻밖이라는 표정을 지으며 좋은 여행 되라고 인사를 한다. 나중에야 그 이유를 알았다. 이곳에는 의외로 아시아 계열 사람들이 많아 보였다. 아마도 그들만의 생활권이 있는 듯하다.

여행센터 간판에는 안내센터가 표시되어 있지 않아서 조금 망설이다가 들어갔는데 안내센터도 겸하고 있었다. 직원들도 친절했다. 어느 나라에서 왔냐고 묻더니 한국어 지도를 준다. 무료다! 묻지도 않았는데 오늘은 월요일이라 세잔 아틀리에는 휴관이라고 한다. 아! 그렇구나. 월요일에 휴관한다는 건 한국에서 미리 알아놨던 사실인데,

현지에 와서 막상 오늘이 무슨 요일인지를 생각 못 했다. 그래도 입구는 보고 와야겠기에 가는 길을 물었다.

마르세유에서 버스로 30여 분 만에 도착한 엑상프로방스는 마르세유와는 또 다른 분위기다. 마르세유는 커다란 항구 도시라서 도시 자체가 평화로운 듯하면서도 약간 거친 느낌이 있는데, 엑상의 미라보 거리로 들어서면서 머릿속에 떠오르는 단어는 안정감이었다. 비록 겨울이라 플라타너스는 앙상한 몸으로 늘어서 있지만 17~18세기에 조성됐다는 미라보 거리는 오래된 대저택과 분수대, 카페 등 나름의 품위를 지니고 있었다.

가랑비가 굵은 비로 바뀌었다. 굵은 비가 쏟아지는 거리를 우산을 쓰고 혼자 거닐었다. 어찌 보면 청승맞고 외로울 듯하지만 전혀 그렇지 않다. 빗속에서 풍기는 이국의 냄새, 축축한 보도블록, 낯선 풍경에 도취된다. 그렇다. 낯섦의 자유로움. 가정의 틀, 사회의 틀, 매일 반복되는 틀, 일, 사람들. 그 익숙함이 오히려 공포로 다가올 때가 있다.

46세의 시어머니와 26세의 나는 한집에서 40년을 함께 살았다. 1970년대의 가난했던 시절에 홀어머니와 4형제의 맏이인 남편과 미닫이 문 하나를 사이에 둔 두 칸짜리 방에서 시작한 나의 젊음은, 문 사이로 들리는 피 섞이지 않은 남의 어머니와 형제들의 낯선 숨소리로 상쇄되어갔다. 시간이 지나 시동생들이 결혼하여 떠나고, 내 아이들도 자라고 떠나면서 시어머니의 숨소리가 익숙해졌을 때는 마음속에 나도 모르는 공포가 들어와 한편에 자리하고 있다는 것을 육십이 넘어서야 깨달았다. 그 공포가 어느 순간 나도 모르게 나를 빠져나와 또 다른 누군가를 공포에 빠뜨리려 한다는 것도.

따뜻한 공동체도 공포와 상처의 치유에 좋지만 온전한 나 자신만의 외로움도 그에 못지않은, 아니 오히려 더 강력한 치유책이란 것을 체험했다. 혼자만 느낄 수 있는 온전하고 낯선 자유로움에서 다시 익숙한 공간으로 돌아온 편안함은 낯섦의 행복을 배로 느끼게 한다.

미라보 다리를 기점으로 세잔 아틀리에를 찾아갔다. 목적지로 정했으면 그곳이 휴관한다고 해도, 일단 목적지까지 가는 길의 거리와 골목을 기웃거리다가 꽂히는 곳이 있으면 눌러 앉아 하루를 보내는 게 내 자유여행 스타일이다. 이날도 처음 와본 엑상프로방스의 낯섦에 취해 거리를 걷는다. 한 건물에서 젊은이들이 우르르 몰려나온다. 정식 대학은 아닌 것 같고 전문 예술학원 같은 분위기인데, 청소년에 가까운 젊은이들이 우르르 나오더니 계단과 좁은 베란다에서 남녀 할 것 없이 촘촘히 앉아 담배를 꺼내 문다. 민망해서 얼른 발걸음을 옮긴다. 우리나라도 저 풍경과 별반 다르지 않을 거란 생각이 든다.

이름 있는 몇몇 분수대와 교회도 지나고, 작은 아틀리에와 박물관도 지나니 최고재판소와 함께 그 옆으로 커다랗고 근사한 건물이 보인다. 따라 들어갔더니 'Cover d'Apple'이란 간판이 걸려 있다. 무슨 뜻인지 몰라 구글 번역기의 힘을 빌렸더니 '항소법원'이란다. 정확한지는 모르겠지만 일단 최고재판소 부속 건물임에는 틀림없어 보였다. 안으로 들어가 보지는 않았지만 건물만 봐도 멋이 있었다. 건물이 특이하게 생겼다. 남의 나라 법원엔 별로 관심이 없다. 우리나라 법도 잘 모른다. 교통법도 모르고 부동산법도 모른다. 우리 집에서 이런 것은 영감 몫이다.

내 마음이 간 곳은 항소법원 앞 좁은 도로가에 있는 작은 가게다. 비가 제법 추적추적 내리고 있는데 유독 이곳에만 사람들이 왔다 갔다 한다. 허리가 제법 굽은 중국 할머니가 중국음식을 팔고 있었다. 몇 가지 만두 종류와 내가 모르는 국적 불명 바게트였다. 고객은 거의 현지인이다. 모두들 사서 들고 간다. 장사가 참 잘된다. '중국 할머니 수입이 꽤 짭짤하겠는데…'라고 생각하며 하나 사볼까 하고 옆에 붙어 있었다.

어떤 고객에게도 할머니는 영어 비슷한 말도 안 쓰신다. 모든 고객에게 그냥 중국어로 하신다. 가격표는 진열장 앞에 붙어 있으니 고객들도 각자 알아서 주문을 하고 계산을 한다.

나도 기웃거리다가 왕만두 한 개와 음료수 한 캔을 샀다. 중국말로 '데워줄까?' 한다. 중국어를 몰라도 알아들었다. 앞 사람들이 구입할 때 하는 것을 보고 그대로 따라 했다. 진열장 안 음식을 가리키고 숫자를 표시하면, 할머니가 중국어로 뭐라뭐라 하고는 음식을 레인지에 넣었다가 준다. 호기심에 하나 사보긴 했는데 왕만두가 어찌나 크던지 우산은 받쳐 들었지, 들고 갈 데도 없다. 그래서 가게의 천 지붕 아래서 대충 먹으며 사람들이 뜸할 때를 기다렸다가 할머니에게 영어로 말을 붙여봤다. "할머니, 중국에서 오셨어요?" 할머니는 얼굴도 들지 않고 중국어로 대답하신다. 영어를 모른다는 뜻인지 중국에서 왔다는 뜻인지, 내가 중국어를 한마디도 모르니 알아들을 수가 없다. 순간 중국인의 근성은 이런 것인가 하는 생각이 들었다.

할머니의 장사 본새를 봐서는 하루 이틀 일을 한 게 아니다. 오랜 시간 여기에 정착해 자리를 잡은 듯 묵은 맛이 나는데, 그녀는 자신의 영역 외엔 어떤 것에도 타협할 마음이 없는 듯하다. 작고 볼품없는 늙은 몸 어딘가에 타국에서 삶의 뿌리를 내린 중국인만의 강인한 생명력이 뿜어져 나오는 듯하다.

다음 블록에 있는 작은 가게. 가랑비가 내리는데도 학생들이 미어지도록 들락거리고, 의자에 앉아 빵과 아이스크림을 먹는다. 액상의

거리를 걸으며 젊은이들과 학생들이 많이 보여 내심 놀랐다. 세계적으로 노령 인구가 확산되고 있고 어디든 중심 도시를 벗어나면 젊은이들보다 나이든 사람들이 더 많이 보이는데, 이곳은 골목골목에서 학생들의 재잘거림과 발소리가 들린다. 그래서인지 작은 도시이지만 활기차고 아름답게 느껴진다.

분수 광장을 사이에 두고 오래된 주택들이 늘어서 있다. 끄트머리에 생장 드 말트(Saint-Jean de Malte) 교회가 보인다. 멀리서 보아도 연륜 있는 아름다움이 느껴진다. 가까이 다가가 외관만 봐도 손대지 않은, 오래됐지만 거칠면서도 기품 있는 아름다움을 느낄 수 있다. 딱 봐도 고딕 양식이다. 13세기 후반 건축물이다. 그 시대는 종교와 정치가 밀접한 관계를 가지고 있었다. 내부의 종교화와 파이프오르간도 볼 만하단다.

예배가 끝났는지 내 나이 또래의 사람들이 우르르 나오길래 그 사이로 들어가려니 앞에 있는 사람이 단호한 소리를 내뱉으며 손으로 막는다. 그 행동이 왠지 거칠게 느껴졌다. 순간 '내가 유색인이라서?'라는 느낌! 과민반응인지도 모르겠다.

"나는 여행객이고 안을 보고 싶다."고 말했다. 그중 한 할머니가 조금은 순한 어투로 &^%$#@!*()&^%%))**&^^ 한다. 뭐, 알아서 해석

했다. 문 닫을 시간이라 안 된다는 뜻으로.

　교회 옆 건물이 그라네 박물관이다. 예전에는 궁이 있던 곳이라 한다. 14~20세기의 전시품과 렘브란트의 작품이 있다. 세잔의 예쁜 아틀리에도 있어 꽤 볼거리가 쏠쏠한 곳인데, 외관만 보고 돌아서야 했다. 오래된 교회와 박물관이 남다른 정취를 뿜어내어 마음은 흡족했다.

　시간이 꽤 되었다. 다리도 아프고 해서 쉴 겸 늦은 점심을 해결하러 음식점을 이리 기웃 저리 기웃하다가 미라보 다리로 접어드는 귀퉁이에 혼자서 들어가기 적당한 작은 레스토랑을 찾았다. 입구의 간이 테이블이 있는 곳에는 비를 막아주는 천막이 쳐져 있다. 외형은 초라한 듯하나 내부는 꽤 깔끔하고 분위기도 있다. 야채가 섞인 비프스테

이크와 목마름을 해결하려고 맥주 한 잔을 주문했다. 먼저 나온 빵은 따뜻하고 부드러웠다. 꽤 늦은 점심이라 작은 실내에는 나처럼 혼자서 식사하는 사람 두어 명밖에 없다. 북적거리지 않아 넉넉한 마음으로 오래 앉아 있어도 되겠다 싶었다. 밖에는 아직도 비가 오락가락하고, 뜻 모를 노래가 흘러나오는데, 걸어 다닐 때는 못 느꼈던 피로가 나른하게 온몸으로 퍼진다. 천천히 오랫동안 식사 시간을 즐겼다. 후식 커피는 무료라 기분이 더 좋았다.

할매의 Travel Tip

피로가 심하게 오고 몸이 안 좋으면 자기 전에 미리 약을 먹고 잔다. 다음 날 컨디션 회복에 도움이 된다.

툴루즈
— 붉은 벽돌이 아름다운 도시

생소한 이름의 미디 피레네 주에 속하는 툴루즈(Toulouse)는 우리 나라 여행객이 많이 찾는 곳은 아닌 듯하다. 블로그 정보도 생각보다 많지 않다. 1월 평균 기온이 7~10도를 오가는 따뜻한 곳이라는 이유 만으로 선택한 곳이기도 하다. 일단 역에서 내려 숙소를 찾아갔다. 부 킹닷컴에서 예약한 곳인데 역과 가깝다고 해서 나름 심사숙고한 끝 에 정한 곳이다. 호텔이라기보다 호스텔에 가까운 수준이다. 화장실 겸용 욕실이 있는 트윈베드다. 내가 가장 중요시하는 포인트는 방에 욕실이 있느냐 없느냐다. 아무리 저렴해도 나이가 있으니 다인실, 공 용화장실은 피한다. 요금에 비해 괜찮은 편이지 그렇게 수준이 있는 곳은 아니다. 그럼에도 친구는 "OOOO여행사 따라 갔을 때의 호텔 보다 좋다."고 한다.

이곳은 예약할 때 조식이 포함되지 않고 선택사항이었다. 현지에서 말하면 된다고 했다. 다음 날 아침 식사를 미리 예약하려고 프런트로 스태프를 찾아갔다. 그런데 스태프 아가씨가 내 말을 못 알아듣는다. 내가 아무리 영어를 못 하지만 Breakfast 못 알아듣는 스태프는 처음이다. 나는 또박또박 "투모로, 아이 원 브렉퍼스트." 했다.

얼굴이 까무잡잡하고 터프하게 생긴 아가씨는 계속 고개를 갸우뚱한다. 답답해서 할 수 없이 국제어로 했다. 오른손으로 먹는 시늉을 크게 하면서 "투모로 모닝" 했다.

그때서야 큰소리로 "플락파스트"라고 외치며, 알아들었다는 듯 카카카카 숨넘어갈 듯 웃는다. 그 소리에 나도 놀라서 반사적으로 "플락파스트"를 큰소리로 외치고 따라 웃었다.

세상에~ '브렉퍼스트'를 못 알아듣는 경우는 이번이 처음이다. 당황스럽기도 하고 웃기기도 해서 혼자 '플락퍼스트'를 몇 번이나 되뇌었다. 그리고 이어지는 질문. 아! 못 알아듣겠다. 평상시에도 영어를 알아들을 능력이 되는 것은 아니지만 프런트에서 나누는 이야기 정도는 눈치로라도 가능했는데, 이번은 아니다. 세 번쯤 똑같은 문장을 듣고서야 겨우 알아들었다. 3일을 모두 먹을 거냐, 오늘만 먹겠느냐, 계산을 미리 하겠느냐 하는 간단한 말이었다. 문제는 내 영어 실력이 아니라 아가씨 발음 때문이라고 탓하고 싶은 심정이다. 지역 액센트가 강하다. 비슷한 경험을 여행 중에 여러 번 했다.

방에 올라와 가방을 풀고 인근 마트부터 찾아갔다. 숙소 근처의 마트를 찾아가는 길에 작은 폭의 하천이 쭉 이어져 있는 게 보인다. 물이 참 맑다. 툴루즈가 자랑하는 유네스코 지정 세계유산인 '미디 운하'다. 나중에야 미디 운하의 진면목을 알게 되었다. 운하가 얼마나 긴지 툴루즈 외곽을 삥 둘러싸고 있는 듯하다. 미디 운하는 길이가 360킬로미터이며 수문·수로·다리·터널 등 모두 328개의 구조물이 설치돼 있다. 미디 운하는 지중해와 대서양을 연결하는 대량 수송루트로서, 근대 과학기술이 낳은 가장 뛰어난 작품 가운데 하나로 손꼽힌다. 이런 걸작품을 두고 동네 하천 정도로만 생각했다니 할매의 눈높이는 어쩔 수 없나 보다.

늦은 점심인 듯, 이른 저녁인 듯 여행 며칠 만에 처음으로 하얀 쌀밥을 해 먹었다. 2인용 쿠커에 길쭉길쭉 안남미처럼 생긴 쌀로 밥을 했다. 막 지은 따끈한 밥에다 맛김, 고추장, 마른 멸치, 야채샐러드, 북엇국, 콩잎 통조림 등으로 겨울임에도 땀을 흘리며 맛있게 먹었다.

아직 해가 훤했지만 처음 보는 상표의 맥주 한 잔으로 마무리. 두 할매 기분이 한껏 업되어 "맛있다"를 연발했다. 마트 총각의 외모에 대한 칭찬을 양념으로 삼았다.

마트에 갔을 때 아무리 쌀을 찾아도 눈에 안 들어왔다. 마트 안을 몇 번이나 돌고 있으니까 순하게 생긴 총각이 우리더러 따라오란다. 쌀이 있는 곳으로 데리고 가더니 우리를 보고 미소 짓는다. 말은 한마디도 안 했다. 본인이 영어를 못 하는지, 아니면 우리가 영어를 모를 것 같아서 안 했는지는 모르겠다. 진심으로 고마웠다. 이렇듯 세상에는 말이 통하지 않아도 눈빛과 행동만으로도 마음을 읽을 수 있는 사람들이 많다.

프런트에서 시내 지도를 한 장 얻어들고 나섰다. 툴루즈에 대한 여행정보는 프랑스 관광청에서 알아본 몇 안 되는 게 전부다. 툴루즈는 와서 보니 의외로 대도시였다. 일단 제일 찾기 쉬운 시청으로 가기로 했다. 기차역 앞에서 쭉 뻗은 길로 가는 것이 제일 편하다. 오전인데도 시청이 있는 카피톨 광장(La place du Capitole)에는 시장이 열리고 있어 사람들로 바글바글하다. 가게 앞에서 잠시 멈추어 설 때마다 '니하오', '곤이찌와' 하며 인사한다. 그러다가 '안녕하세요'란 말에 관심을 보이니까 짧은 영어로 말을 붙인다. 친구의 동생이 인천에 산단다. 나도 영어가 짧으니 더 이상 긴 대화는 이루어지지 않았다. 한국어는 '안녕하세요' 딱 한마디였다. 우리를 한국인으로 알고 호의를 보였다는 것만으로도 고마움을 표현하고 싶어서 티셔츠를 샀다. 설령 그 호의가 상술이었을지라도.

시청 건물 안으로 들어가 본다. 간단한 소지품 검사가 있다. '시청에서 웬 소지품 검사?' 했는데, 시청 업무를 보는 공간과 분리되어 있지만 계단에서부터 아름다운 장식화에 눈이 호강한다. 마치 미술관에 온 듯하다. 천장을 보고 한 번 더 놀랐다. 대성당 천장을 보는 듯하다. 이렇듯 아름다운 장소가 알고 보니 카피톨 극장, 시청과 연결된 건물로 결혼식이나 여러 가지 행사를 한다고 한다.

1월의 오후 햇살이 따뜻하다. 봐도 잘 모르는 지도를 들고 생세르냉(Saint-Sernin) 대성당을 찾아갔다. 누가 재촉하는 것도 아니니 서두를 것도 없다. 뭔가 눈길이 가는 곳이 보이면 발걸음을 멈추면 된다. 첫 번째 눈에 들어오는 풍경은 좁은 골목길이다. 시멘트벽이 군

데군데 떨어져 나간 낡은 건물 앞에서 젊은이들이 가득 서서 문이 열리기만을 기다리고 있다. 호기심을 품고 건물 앞으로 다가가 표지판을 본다. 이해 가능한 문자를 찾아본다. 테크놀로지, 가톨릭, 마리아 등의 글자가 눈에 띈다. 가톨릭에서 운영하는 기술학교인가? 그런데 학교처럼 안 보인다. 아카데미, 스쿨 같은 글자도 안 보인다. 무척이나 궁금하다. 문이 열리기를 기다렸다가 학생들 들어갈 때 같이 들어갔다. 젊은이들이 와~ 쏟아져 들어가는 틈에 늙은 동양 여자가 끼어 있으니 관리인인지 선생님이 놀라서 "마담!" 하고 부른다. 학교란다.

지나가다 또 만난 이색적인 건물. 딱 보니 도서관이다. 오픈되어 있다. 분위기가 너무 좋다. PC도 여러 대 있고 제재도 없다. 내 주변머리로 이곳에서 PC를 만질 주제는 안 되지만, 탐이 난다. 쾌적하고 따뜻해 공부할 분위기가 난다. 분위기에 젖어보고 싶어 한 테이블 차지

254

하고 지도를 펼쳤다. 지도를 봐도 지금 우리가 어느 위치쯤에 있는지 모르겠다. 모르면 어떠랴, 나가서 또 길을 헤매다 보면 어딘가가 나오겠지. 지금 이 순간의 지적인 분위기가 좋을 뿐이다.

툴루즈에 와서 알았다. 이 도시가 얼마나 지적인 도시인지. 책을 끼고 다니는 학생들의 무리가 보인다. 규제가 있는 듯하면서도 자유롭다. 지나다가 골목으로 눈길이 갔다. 도심 한복판에 위치한 골목이지만, 길바닥에 편하게 앉아 담소를 나누는 여학생들, 어쩌면 서로 심각한 고민을 나누고 있는지도 모르겠다. 잠시 걸음을 멈추고 그 모습을 카메라에 담는다. 인기척을 느꼈는지 나를 바라본다. 순간 'Sorry' 했는데 들리지는 않았나 보다. 그다지 기분 나빠하지 않는 표정. 1월의 툴루즈가 따뜻하긴 하지만 그래도 시멘트 바닥은 차가울 텐데.

생세르낭 대성당과 수도원은 만만치 않은 규모를 자랑한다. 툴루즈는 프랑스에서 네 번째로 큰 도시다. 곳곳에서 오래된 교육의 도시라는 것을 느낄 수 있다. 베르나르 베르베르의 출생지이기도 하다. 베르나르 베르베르는 툴루즈 제1 대학교를 졸업했다. 툴루즈에서 그의 이름을 보지는 못했다. 혹시라도 그의 이름이 적힌 현수막이나 사진이 걸린 도서관이나 카페라도 있는지 눈여겨봤는데 못 찾았다. 내가 못 찾았는지 아니면 베르나르 베르베르가 자신의 고향보다 한국에서 인기가 더 많은지는 잘 모르겠다. 먼 훗날 그가 죽고 난 후에는 어떨지 모르겠다.

생세르냉 대성당은 외관이 특이하다. 핑크빛 건물은 은은하고 아름답다. 1060년경 착공되고 1096년에 헌당되었다. 원래 성당 자리에는 4세기경 사튀르냉(Saturnin) 혹은 세르냉(Sernin)이라고 알려진 성인의 유해가 보관된 교회가 있었다. 성인은 툴루즈 최초의 주교로서 이교도 성직자에 의해 황소에 발이 묶여 로프가 끊어질 때까지 도시 안을 끌려 다니다가 순교했다.

당시는 이교도와 가톨릭교도 간의 갈등이 심했다. 이 도시에서 활동한 유명한 신학자로 토마스 아퀴나스가 있다. 내가 마음에 담아둔 신학자이며 철학자인 아우구스티누스 성인 외의 한 사람이다.

생세르냉 수도원 뒤쪽, 맞은편 작은 길 끄트머리에서 큰 도로로 나가는 코너에 레스토랑이 보이길래 들어갔다. 우리나라로 치면 적당한 크기의 분식집 수준이라고 할까. 조촐한 규모에 손님도 적당하다. 테이블에 앉으니 메뉴를 가져다준다. 암만 봐도 모르겠다. 영어 메뉴를 찾으니 없다고 한다. 그러면서 한 곳을 손가락으로 가리키며 오늘의 메뉴란다. 가격도 괜찮다. 유럽 대부분의 식당에는 '오늘의 메뉴'라는 것이 있는데 그것을 주문하면 크게 실수하지는 않는다. 오늘의

메뉴와 화이트 와인을 한 잔 주문했다. 잠시 후 나온 오늘의 요리는 갓 만들어낸 것이라 따끈해서 먹을 만했다. 화이트 와인을 시켰는데 레드 와인을 놓고 간다. 왜~? 내가 잘못 시켰나? 아닌데 분명 화이트 와인인데. 그렇다고 바꿔달라고 말할 만한 주제도 못 된다. 레드 와인을 못 마시는 것도 아니고, 뭐가 잘못된 걸까 생각했다. 그러다가 내 뒤에 자리 잡은 일행들이 주문하는 소리, 두 번 반복해서 들린다. 와이트 와인!! 아~ 그거였어? 발음이 문제였어? 설마?

그 이후로 발음에 신경을 썼다. 화이트가 아닌 와이트로. 더 이상 실수는 없었다.

툴루즈는 생각했던 것보다 훨씬 컸다. 교육과 역사, 문화의 도시다. 크고 작은 박물관과 미술관이 곳곳에 있고 젊은이들이 많이 보이는 활기찬 도시다. 가론(Garonne) 강가 산책로. 겨울이지만 결코 을씨년 스럽지 않다. 아마 건물 벽돌이 붉은색이어서 따뜻한 느낌이 드는지 모르겠다. 중후하고 은은한 운치가 있다.

툴루즈를 '장미의 도시'라고도 부른다고 해서 장미가 많은 도시인가 생각했었다. 붉은 벽돌로 만들어진 집들이 태양 빛에 반사되어 붉은 장미처럼 보인다고 해서 붙여진 이름이란다. 햇빛을 받은 붉은 벽돌이 원래의 색보다 더 찬란하게 눈에 들어온다. 석양이 비칠 때는 또 다른 색을 띠리라.

알비
— 나는 지금도 알비가 그립다

알비(Albi)는 툴루즈에서 기차나 버스로 한 시간 정도 걸린다. 기차로 갈 때는 종착역이 로데즈(Rodez)인 기차를 타야 한다. 그걸 몰라서 처음에는 눈이 빠지게 'Albi'라는 단어만 찾았다. 기차를 타자마자 내리던 비는 알비에 도착할 때까지도 계속됐다. 차창 밖의 이국적인 풍경이 운치를 더해 주었다.

1월의 알비는 포근했다. 역사를 나오면서 심상치 않은 도시의 아름다움을 감지했다. 앙상하게 벗겨진 가로수, 물기 젖은 짙은 붉은색의 집들. 비가 와서 인적조차 드문 거리에서 행여나 이 아름다움을 깨트리지나 않을까, 소리 죽여 발걸음을 옮겼다. 중앙대로를 따라 쭉 걸어가서 화려한 드레스에 망사 카디건을 걸친 듯 우아한 알비 대극장을

만났다. 그 아름다움을 탐색하듯 두 번이나 주위를 돌았다.

친구는 감격에 겨워 중얼거린다. "알비! 너 이렇게 아름다워도 되는 거니?"

아침에 내린 많은 비로 작은 갤러리, 박물관, 소극장 모두 문이 닫혀 있었다. 굳이 미술관, 박물관으로 지도를 보며 이동할 필요도 없다. 무작정 걷고 싶은 길을 따라 걸었다. 물기 머금은 짙은 붉은색 거리를 걷는 것만으로도 충분했다.

알비는 타른 강가에 위치한 중세 도시로, 중세 프랑스의 고딕 양식 건물들이 거의 온전히 남아 있어 2010년 유네스코가 세계문화유산으로 등재한 곳이다. 오랜 시간의 흔적이 보인다. 그러나 우리를 감동

시킨 아름다운 붉은색 도시는 붉은색만큼이나 피를 많이 흘린 잔혹한 역사를 지니기도 했다.

알비는 알비주아(혹은 카타리)라는 이단 교파의 이름을 낳았다. 이 교파를 상대로 벌어진 13세기의 전쟁은 성전이라는 기준에 비추어 보더라도 그 잔혹함이 끔찍한 것으로 유명하다. 구시가 역사지구에 있는 생트 세실 대성당(Cathedral of Sainte-Cécile)은 종교 반역자들을 위협하기 위해 설계되었다. 그래서인지 일반적인 교회라기보다 요새를 닮았다는 느낌을 준다.

대성당 바로 옆에 조촐한 미술관이 보인다. 미술관보다 더 반가운 것은 화장실이다. 무료로 사용할 수 있는 작고 초라한 화장실이지만 더할 수 없이 반갑다. 볼일을 보고 나서야 심상치 않은 곳임을 알고 그 자리에서 바로 스마트폰에 미술관 이름인 툴루즈 로트레크를 입력했다.

툴루즈 로트레크는 세잔, 고흐, 고갱과 함께 근대 예술계에 큰 업적을 남긴 인물이다. 그의 일생이 무척이나 흥미로웠다. 로트레크는 툴루즈 근처 알비에서 프랑스 백작의 아들로 태어났다고 한다. 두 다리가 부러지는 사고를 당한 이후에 다리의 성장이 멈춰버렸다. 그의 작은 키는 수많은 풍자만화의 소재가 되었다.

부유한 가정환경 덕분에 화가로서 작품 활동을 하기에 어려움이 없었다. 자주 가던 유흥업소의 광고 포스터를 정기적으로 그려주기도 하고, 여자들을 좋아해 성매매업소에서 많은 시간을 보냈다. 알코올 중독과 매독으로 고생하다가 서른여섯 살의 젊은 나이로 생을 마감했다.

내가 그의 이름과 작품을 미리 알았더라면 아마 더 긴 시간을 보냈을지도 모르겠다. 여행은 알고 가는 만큼 보인다고 하는데 그 말을 절절히 실감케 하는 인물이 툴루즈 로트레크다. 난쟁이 같은 키에 지팡이를 짚고 서 있는 그를 한참이나 봤다. 젊은 나이에 생을 마감해야 했던 삶에 진실한 마음으로 위로를 전했다.

알비의 아름다움은 '르 퐁-비유(Le Pont-Vieux, 오래된 다리라는 뜻)'에서 절정에 이르렀다. 물기를 흠뻑 먹은 다리는 미묘한 색의 조화를 이루며 독특한 아름다움을 표현하고 있었다. 다리 아래로 휘몰아치는 강물을 다독여 잠재워 흘려보내듯 역사를 모두 품에 안고 침묵으로 자리를 지키고 있었다.

발걸음을 돌려야 할 시간이다. 세실 대성당 앞 선물 숍, 레스토랑, 작은 미술관이 보이는 곳에서 입구가 작고 예쁜 레스토랑을 찾

아 들어갔다. 실내로 들어서니 커피 향이 그윽하다. 작은 실내 인테리어도 예쁘다. 몇몇 테이블에 우리 나이의 사람들이 느긋하게 앉아 차를 마시고 있다. 창가 테이블을 차지하고 앉았다. 이곳에도 영어 메뉴가 없다. 메뉴 추천을 부탁했더니 양고기 스테이크와 닭고기 샐러드가 좋단다.

  레스토랑은 젊은 부부가 사장님이다. 둘이서 요리도 하고 서빙도 한다. 두 사람은 레스토랑을 운영할 게 아니라 영화배우로 나서야 한다는 게 두 할매의 의견이었다. 단순히 잘생겼다, 예쁘다가 아니라 실내 인테리어만큼이나 모던하고 멋지고 지적이다. 늦은 시간이라 하루 일과가 어느 정도 마무리되어 가는지 주인 부부는 음식을 들고 우

리 옆 테이블에 앉아서 식사를 한다. 그 모습이 너무 멋지고 매력적이라 보고 또 보고 마치 외국 영화배우 보듯 봤다. 문득 우리 집 영감, 밥은 챙겨먹고 있나 하는 생각까지 했다.

한참을 쉬었다. 밖에서는 여전히 비가 오다가 그쳤다 하고, 실내에서는 커피 향과 뜻 모를 샹송이 흐르고 있다. 친구는 이런 분위기가 좋은 듯 행복한 웃음이 얼굴 전체에 퍼진다.

알비는 작지만 참 사랑스러운 도시다. 역사적 가치가 큰 도시일 뿐아니라 도시 전체가 주는 느낌이 아담하고 편안하다. 여인으로 치자면 작고 앙증맞으며 깊이도 간직하고 있는, 쉽게 만날 수 없는 여인. 글을 적고 보니 표현이 그럴싸하다. 정말 그렇다. 지금도 알비가 그립다.

니스

— 1월의 니스는 눈부셨다

니스 중앙역에 내리니 1월의 햇살이 봄 햇살만큼이나 따뜻하고 하늘은 파랗다. 구글맵을 켜고 숙소를 찾아갔다. 개인이 운영하는 작은 호스텔이다. 위치도 좋은데 숙박료가 싼 편이라 내심 걱정을 했다. 아니나 다를까 룸이 정말 작다. 그래도 있을 것은 다 있다. 작은 테이블, 욕실 겸 화장실. 화장실도 몸 하나 제대로 돌릴 수 없을 만큼 작다. 위로가 되는 것은 창문을 열면 골목길 끄트머리에 넓은 바다가 보인다는 것. 그곳이 해안도로인 프롬나드 데 장글레(영국인의 산책로)다. 1820년경 영국인들이 추운 겨울을 피해 따뜻한 프랑스 남부에서 시간을 보내기 위해 개발한 곳이라고 한다.

숙소에 짐을 풀어 놓고, 해안도로 산책을 나갔다. 숙소에서 나와

골목 끄트머리 바다가 보이는 곳으로 조금 걸어가니 탁 트인 해변도로에 우람한 야자수와 궁전 같은 멋진 호텔과 레스토랑이 줄지어 있다. 두 할매는 화려함에 눈이 휘둥그레졌다. 근사한 호텔을 올려다보며 잠시 우리 숙소를 생각했다. 피식 웃음이 난다. 우리가 묵은 숙소와 한 블록밖에 차이가 나지 않는 곳에 고급 호텔들이 줄지어 손님을 기다리고 있었다. 골목 안 좁은 방에 머물 수밖에 없는 경제적 차이는 지중해와 산을 사이에 두고 있는 니스만큼이라고 위로해 본다. 호텔 앞 게시판에 숙박 요금표가 붙어 있다. "생각보다 비싸지 않네." 하며 두 할매가 거드름을 피우며 킥킥거렸다.

어느새 겨울 해는 바다 저편으로 넘어가 붉은 여운을 내뿜고 있고, 작은 비행선이 묘기를 부리듯 머리 위를 날고 있다. 1월이지만 봄처럼 따뜻한 니스의 밤 분위기를 즐기는 사람들 사이로 코가 납작한 아시아의 두 할매도 마트에서 산 음료를 홀짝이며, 19세기에 부지런한 영국인이 닦아놓은 그 길을 걷는다.

니스는 지중해와 산을 사이에 두고 있으며, 이탈리아 국경에서 불과 몇 킬로미터 떨어진 위치상 장점을 지니고 있다. 연중 내내 온화한 기후와 햇살, 다양한 풍경과 해변을 비롯해 역사, 문화, 예술 등 다양한 매력이 공존한다. 무한한 매력을 지닌 곳으로 세계인이 선호하는 휴양지이며 관광지다. 니스에는 20여 개의 박물관과 갤러리가 있다. 시내에서 조금 떨어진 시미에(Cimez) 지구에 로마 유적지와 마티스(Matisse), 샤갈(Chagall) 미술관이 있다.

시미에 지구를 찾아가기 위해 마세나 광장으로 갔다. 마세나 광장은 구시가와 신시가의 연결 통로이며 니스의 중심이다. 확 트인 공간에 아름다운 동상을 중심으로 잠자는 분수가 깨어날 시간을 기다리고 있다. 시미에에서 돌아올 때쯤에는 분수가 멋진 쇼를 보여 줄 것이다.

마세나 광장 앞에서 버스를 탔다. 버스에 올라타면서 기사 아저씨에게 '시미에' 하며 확인하는 것을 잊지 않는다. 마세나 광장에서 버스로 20여 분 걸려서 도착한 시미에 지구. 가파르지는 않지만 로마

유적지가 있음직하고, 시내의 번잡함을 멀리한 야트막한 언덕 위에 자리하고 있다. 버스 정거장에 내리면 바로 눈앞에 고대 로마 유적지가 보인다. 넓은 공원을 걸어서 안으로 깊숙이 들어가면 마티스 미술관이 있고, 옆에 고고학 박물관이 있다. 마티스 뮤지엄 패스를 구매하면 고고학 박물관을 함께 볼 수 있다. 한 곳만 보고 싶으면 따로 구매하면 된다.

색채 화가로 알려진 마티스의 아담한 미술관과 고고학 박물관에서 시내로 내려오는 길로 조금만 걸어가면 샤갈 미술관이 있다. 시미에 지구를 걸어 내려오며 새삼 느끼는 점은 상당히 부촌이라는 것이다. 깨끗하고 넓은 거리와 아름다운 집들, 미술관, 박물관이 모여 있는 격조 높은 주거지역이다.

니스는 지중해와 산을 사이에 두고 있다.
연중 내내 온화한 기후와 햇살, 다양한 풍경과
해변을 비롯해 역사, 문화, 예술 등
다양한 매력이 공존한다.

당신의 70대는?

시미에 지구에서 내려와 니스 성을 찾아서 걷고 있는데, 자그마한 동양인 할머니가 앞뒤로 배낭을 메고서는 빠른 걸음으로 지나간다. 호기심이 확 생긴다. 중국인 같지는 않다는 생각에 "안녕하세요?"라고 말을 붙였다. 인사를 알아들었는지 걸음을 멈추고 뒤돌아서더니 "와타시, 니혼진." 한다. 70대는 되어 보이는데, 행색이 초라하다. 뒤에는 제법 큰 배낭을, 앞으로 멘 작은 배낭은 손으로 받쳐 들고 있다. "료코 데스까?(여행입니까?)" 했더니 그렇단다. 어저께 바르셀로나에서 왔단다. 지금 두 달째 혼자 여행 중이란다. 와~우. 그럼 다음 코스는 어디냐고 물으니 모르겠단다. 생각해 봐야겠단다. "히도리 데스까?(혼자입니까?)" 그렇단다. 실례인 줄 알지만 궁금해서 나이를 물었다. 75세란다. '와우~ 대단하시네요.'란 말이 입 밖으로 나오려는 것

을 얼른 "무척 건강해 보이십니다. 너무 멋져 보이세요."라고 했다. 서로 좋은 여행 되라고 덕담을 나누고 돌아오면서 '우리도 10년은 더 다닐 수 있겠네.' 했다. 문득 사람들의 사고(思考) 차이를 생각했다. '저 나이에 뭘 저렇게 돌아다녀. 다니다가 무슨 일이라도 생기면 어쩌려고. 집에 좀 있지.'라고 말할 사람들도 많을 테다. 어떠한 사고를 가진 할머니인지는 모르겠지만, 내가 알지 못하는 할머니의 그 사고에 무조건 한 표를 던지겠다.

과연 나는 70대 중반, 저 할머니 나이가 되어 있을 때 어느 멋진 나라의 거리를 걷고 있을까?

모나코 가는 길

　프롬나드 데 장글레 산책길을 따라 걸어가다 보니 가르발디 광장으로 들어서게 됐다. 버스 정거장에서 우연찮게 100번 버스 표지판을 보았다. 그렇지 않아도 내일 모나코에 다녀오려고 생각하고 있었기에 버스 표지판이 반가웠다.

　시간은 오후 3시가 조금 넘었다. 잠시 망설이다가 '내일 이 버스 정거장을 찾아오느라 애쓸 필요 없이 지금 다녀오자. 모나코가 워낙 작은 나라라고 하니 조금 무리해서 가보자.' 생각하고는 버스를 탔다.

　버스를 타면서 기사에게 5유로짜리를 드렸더니 3.5유로를 내준다. 요금이 확실하지 않을 때는 조금 큰 돈으로 내는 게 좋다. 그럼 알아서 잔돈을 돌려주니까. 니스에서 모나코 가는 버스비는 1.5유로. 니스

시내버스 요금과 같다. 새삼 생경스럽다. 다른 나라로 가는 차비치고
는 환상적이다. 정확하게 3시 30분에 버스를 타 4시 30분 모나코에
도착했다. 역시 국가를 이동하는 시간도 환상적이다.

모나코는 내 꿈속의 나라다. 아름다운 여배우가 왕비가 되었다는,
신데렐라 이야기 때문이기도 했지만 그것보다 세계에서 바티칸시국
다음으로 작은 나라, 일반 시민은 세금도 안 내는 나라, 군대도 안 가
는 나라. 모나코는 도대체 어떤 나라인지 궁금했다.

모나코 버스 정거장에 도착하니 벌써 몇몇 상가에서 불빛이 보인
다. 안내센터는 벌써 문이 닫혀 있다. 여러 잡화를 파는 곳에 들어가
지도를 구했다. 모나코는 크게 카지노와 열대정원, 화려한 쇼핑몰 등

이 있는 '몬테카를로 지구'와 왕궁과 세기의 로맨스의 주인공 '그레이스 켈리'의 자취가 있는 '모나코 빌' 지구로 나뉜다. 늦은 시간에 왔기 때문에 시간적 여유가 없었다. 당연히 발걸음은 모나코 빌 지구로 향한다.

　절벽 위에 우뚝 솟아 있는 모나코 빌을 찾아가는 길에 보이는, 항구에 크고 작은 하얀 요트들과 궁전처럼 아름다운 건물의 카지노, 쭉쭉 뻗은 시원한 도로. 어느 한 구석에 빈곤함이라고는 찾아볼 수 없다. 한마디로 모나코는 귀족의 도시다.

　절벽 위 모나코 빌은 성채 같은 모습이다. 헤라클레스가 지나간 자리에 신전을 세운 곳이 모나코 빌이라는 전설도 전해 내려온다. 오르는 길이 만만치 않지만 계단이 끝나는 순간 눈앞에 나타난 왕궁은 가슴을 설레게 하기에 충분하다. 그곳에서 내려다본 모나코의 전경은 가위 압권이다. 우리가 방문했을 때는 궁전 내부가 오픈되지 않았다. 알고는 갔지만 아쉬웠다. 왕궁 앞을 몇 번이나 왔다 갔다 하며 기웃거리다가 안타까운 마음에 꼿꼿하게 서 있는 젊은 경비병에게 다가가 내부 관람 안 되느냐고 주책없이 말을 걸어 본다. 입을 꾹 다물고 고개만 절레절레 젓는다. 훗훗. 내 행동에 웃음이 났다.

조금 있으니 왕궁에 불빛이 들어온다. 옅은 불빛이 천천히 색을 더한다. 왕궁 전체가 노란색인 듯, 핑크색인 듯 그 아름다움을 형언할 수 없다. 여자의 심리란 참으로 이상하다. 문득 '이 아름다운 곳에서 살았던 그레이스 켈리는 행복했을까?'라는 생각이 든다.

아름다움을 무기로 아름다운 왕국의 왕으로부터 청혼을 받은 여인. 할리우드 스타 자리에서 한 나라의 왕비로 승격한 그녀에 대한 옅은 시샘이 난다. 그녀의 말년 이야기가 진실인지 아닌지 모르겠지만, 행복보다는 불행에 무게를 싣고 싶은 이 심사는 내가 생각해도 참 얄궂다. 왕궁이 있는 곳에서부터 뻗어 있는 작은 골목길과 주택들. 좁은 골목길이지만 고풍스러운 격조와 품위가 느껴진다.

애써 찾으려 노력할 필요도 없이 찾게 된 모나코 대성당. 그레이스 켈리의 묘가 안치되어 있는 곳이다. 바쁜 걸음으로 성당 안으로 들어갔는데 꽤 어두운 조명 아래에 사람들이 가득하다. 분위기 파악이 안 될 만큼 사람이 많다. 저녁에 결혼식이 있나, 미사 분위기는 아닌데…. 예기치 못한 상황에 놀라 뒷걸음질하다가 마음을 가다듬었다. 여기까지 왔는데 그레이스 켈리는 만나고 가야지. 얼른 무덤이 있는 장소로 발길을 돌렸다. 마음이 바빠서인지 쉽게 찾아지지 않는다. 흑백사진을 보고서야 겨우 알아차렸다. 생각보다 소박하다. 주위 눈치를 보며 살며시 사진 한 장을 찍고 돌아서는 마음이 왜 그리 서운한

지. 무엇을 기대하며 열심히 그녀의 묘를 찾았던 걸까.

그 사이 모나코 왕국은 빛의 왕국이 되어 있다. 화려한 빌딩 사이로 뿜어져 나오는 빛은 모나코 전체를 아름답게 물들인다. 겨울이라 아쉽다. 여름이면 지금 이 시간에 몬테카를로 지구도 돌아볼 수 있을 텐데. 역시나 반나절로 한 지역을 둘러본다는 선택은 좋은 여행법이 아니다. 기대를 많이 하고 가서인지 모나코가 결코 기대 이상이지는 않았다. 시간에 쫓긴 일정에 아쉬움이 많이 남는다.

생폴 드 방스가
다른 동네였어?

조식 시간이 한참 지나서야 눈을 떴다. 그러고도 침대에서 뒹굴뒹굴 하다가 일어났다. 남아 있는 누룽지를 푹푹 삶아서 깻잎 통조림, 마른 멸치, 고추장, 맛김으로 아침 식사를 했다. 오랜만에 먹어서인지 배 속이 뜨듯하고 포만감이 느껴진다. 문득 인간의 출생과 길들여짐에 대해 생각한다. 태어나서 엄마의 모유부터 시작하여 60여 년 이어온 내 밥상의 먹거리들. 지금 이 상황에서 생각나는 것은 맛있게 요리한 갈비도 아니고, 잡채도 아니고, 삼계탕도 아니다. 가장 기본적인, 우리가 흔히 말하는 밑반찬일 뿐이다.

친구는 어제 미처 가보지 못한 니스 구시가를 보자고 한다. 오늘 나는 생폴 드 방스(Saint-Paul de Vence)에 꼭 가고 싶다. 언제나 그렇듯 여행 루트를 꼼꼼히 짜고 여행을 와도 모두 가기는 힘들다. 한두 곳은 포기해야 한다. 꼭 가야 할 곳 순위를 정하는데, 1순위가 '생폴 드 방스'였다. 오늘은 각자 길을 나서자고 의논을 모았다. 여행을 함께 온 친구라도 때로는 자기 시간이 필요하다.

니스에서 생폴 드 방스로 가는 버스는 400번이라는 단 하나의 정보만을 가지고 숙소를 나섰다. 일단 큰 버스가 많이 다니는 해안도로로 나왔다. 주위를 살펴보니 오른쪽 방향으로 멀지 않은 곳에 버스 정거장이 보인다. 일단 가보자. 버스 표지판을 보는 순간 마음이 환해진다. 400번이 있다. 요금도 1.5유로, 시내버스 요금과 같다. 버스도 대략 30분 간격으로 있다. 저건 뭐지? St. Paul과 Vence가 따로 있다. 같은 곳이 아니란 말인가? 그때까지 생폴 드 방스가 한 도시 이름인 줄 알았다. 대부분의 블로그에도 생폴 드 방스로 리뷰가 올라와 있다. 이런저런 생각을 할 사이도 없이 400번 버스가 내 앞에 선다. 올라타면서 기사 아저씨에게 '생폴?' 하며 확인했다. 그리고 한 시간 만에 도착한 생폴.

작은 광장인 듯 보이는 도로에서 버스가 선다. 사람이 없고 조용하다. 마을 입구 버스 정거장에서 만난 생폴의 심상찮은 분위기에 가슴이 뛰기 시작한다. 생폴이 이런 마을이었어? 언제나 그렇듯 제일 먼

저 안내센터를 찾는다. 버스 정거장 옆, 안내센터인 듯한데 문은 닫혀 있다. 아마 겨울이라 여행객이 드물어서인지도 모르겠다. 정거장 앞에 세워진 안내센터 표지판에 마을 지도가 붙어 있다. 지도를 사진으로 찍고 마을 안쪽으로 들어갔다. 마을 안으로 걸어가며 친구와 함께 오지 않은 것을 후회했다. 이 풍경을 꼭 봐야 했는데…. 친구에게 문자를 보냈다. '지금 이곳으로 와. 숙소에서 해안도로로 나오면 400번 버스가 있으니 타고 와.' 한참 후 답장이 왔다. 이미 니스 구시가로 들어와 있어 가기 힘들다고, 좋은 시간 보내고 오라고. 저녁에 숙소에서 친구의 상황을 제대로 들었다. 구시가에서 400번 버스 정거장을 못 찾아서 갈 수가 없었단다.

국가유적지로 지정되어 보호받고 있는 생폴은 프랑스에서 아름다운 마을 가운데 하나로 손꼽히는 곳이라 한다. 들어가는 길목에 꽃과 과일을 몇 가지 늘어놓고 파는 노점상. 이 겨울 어디선가에서 막 가져온 듯한 열매와 채소들. 돌멩이 사이에 수도꼭지를 박아놓고는 물에 헹궈서 내놓는다. 그리고 그 옆 건물, 한때 수많은 화가와 작가들이 묵었다는 콜롱브 도르(Colombe d'Or) 여인숙. 지금은 레스토랑과 작은 미술관으로 운영되고 있다.

우리 세대에겐 귀에 익숙한 '고엽'의 주인공 이브 몽탕이 시몬 시뇨레와 결혼식을 올린 곳이며 샤갈, 마티스, 피카소 등이 사랑한 아지트다. 그들은 이곳에서 먹고 자고 살면서 숙박료 대신 작품을 놓고 갔다고 한다. 황금 비둘기라는 뜻의 '콜롱브 도르' 간판을 쳐다보며 안으로 들어가 볼 수 있을까 싶어 기웃거렸다. 문이 굳게 닫혀 있다. 가게 문을 열기에는 좀 이른 시간이기도 하고, 인적이 드문 겨울이다. 뒤쪽으로 돌아가니 정원에 테이블이 있다. 봄, 여름이면 이곳에서 식사를 즐길 수 있겠다.

마을 안으로 들어가는 첫 발길부터 좁은 골목길이다. 폐소공포증이 있는 사람들은 걷기 힘들 정도로 골목은 좁았다. 거기다 온통 돌이다. 돌 이외의 것은 찾아보기 힘든 동네다. 왜 예술가들이 이곳을 그토

286

록 사랑했는지 알 것 같다. 어떤 비밀이라도 보장될 것 같은, 사생활을 보호받을 수 있을 것 같은, 미로 같은 좁은 길과 좁은 공간, 두꺼운 벽. 도시 전체를 둘러싼 듯 우람하게 세워져 있는 도시 방어용 성벽도 한몫을 한다.

많은 예술인들이 사랑한 도시라는 것을 증명하듯 한 명이 걸어가면 딱 좋은 좁은 미로 같은 돌집 사이 골목길에 작은 화방, 작업실과 기념품 숍이 마주 보고 있다. 한 곳 한 곳 들어가 보는 재미도 놓칠 수 없다. 겨울이라 미술관, 박물관 등이 대부분 문을 닫아 아쉽긴 했지만 그래도 여름보다 겨울이 더 좋겠다는 생각이 들 정도로 1월의 생폴은 특별했다.

어쩌다 마주치는 여행객 두서너 사람이 전부였던 그날, 온통 돌로 싸여 있는 미로 같은 골목길을 혼자 걸으며 중세의 작은 여인이 되어 본다. 물기가 머문 듯 축축한 벽을 손으로 만져 본다. 에어컨이 없던 시절, 보일러가 없던 시절 이 두터운 돌벽이 강렬한 햇빛을 막아 주고, 바람도 막아 주었으리라. 돌벽 틈새에서 간간이 삐져나오는 작은 생명체의 강인함에도 고개를 끄덕인다. 동시에 현실적인 자아가 고개를 치켜든다. 그 시대에 태어난 것이 더 좋았을까, 지금이 더 좋을까 하고.

　샤갈이 잠들어 있다는 묘비를 찾아 고갯길을 오른다. 샤갈은 본인의 미술관을 생폴에 만들고 싶어 했는데 뜻대로 되지 않았다고 한다. 대신 자신이 즐겨 찾던 생클로드 예배당 앞에 앉아 그림을 그리는 것으로 노년의 여유를 즐겼다고 한다. 이곳을 제2의 고향이라 여기며 사랑했고 여기서 20여 년을 살다가 생을 마감했다. 마을 입구 반대쪽 공동묘지에 샤갈이 잠들어 있다. 그가 잠들어 있는 곳은 묘지 입구 근처다. 찾기가 어렵지 않다. 대가의 무덤치고는 소박하고 조촐하다.

　내려오는 길에 만난 작은 민박집, 나지막한 돌담집. 나지막한 지붕 아래 중세풍 등불이 하나 걸려 있고, 초인종 대신 작은 고리가 달려 있다. 저 고리로 대문을 두드리면 주인이 나올 것이다. 앞에서 한참을 서서 그 고운 자태를 지켜보다가 내려왔다. 언젠가 다시 와 저곳에서 하룻밤 자리라. 작은 광장에 있는 레스토랑에 들어가 자리를 차지하고 앉았다. 동네 사람 몇몇이 담소하며 식사를 하고 있다. 아담한 마을의 작은 레스토랑, 겨울에 이곳을 찾아온 뜬금없는 누런 피부색의 할머니. 그들 눈에는 내가 신기했을 것이다. 나를 자꾸 힐끔힐끔 쳐다본다. 주문 받는 여종업원의 미소가 훈훈하다. 그 친근함만큼, 아름다운 생폴만큼 음식도 정갈하고 맛나다.

방스

―― 아름답고 따뜻했던 하루

'생폴 드 방스'가 한 지역인 줄 알았는데 직접 와서야 떨어진 마을이라는 것을 알게 됐다. 생폴(Saint-Paul)과 방스(Vence)는 버스 한 정거장 거리다. 생폴에서 10분도 채 안 걸려 도착한 방스. 왜 대부분의 사람들이 생폴과 방스를 한곳으로 생각하는 걸까? 생폴 드 방스에서 드(de)는 and에 해당하는 단어인가? 궁금해서 인터넷 사전을 찾아봤다.

　* de(전치사)

　　…의, 에 속한

　　부터, 에서

　de가 and에 해당되는 단어는 아니지만 한 구역을 의미하기는 한다.

방스 버스 터미널에 내렸을 때 눈이 휘둥그레졌다. 생폴과 비슷한 마을을 연상했기 때문이다. 넓은 버스 터미널에 내리자 눈앞에 쭉쭉 뻗은 도로가 보였다. 방스는 큰 도시였다. 여기서도 터미널 안내판에 붙어 있는 지도 사진을 대충 카메라로 찍고 큰 도로 쪽으로 걸어갔다.

방스에는 특별한 목적이 있어 온 것은 아니고, '생폴 드 방스'를 한 지역이라고 생각했다가 새롭게 알게 된 사실에 방스가 궁금했을 뿐이다. 버스 터미널에서 조금 걸어가니 소박한 광장의 따뜻한 햇살 속에서 노인들이 모여 무언가를 하고 있는 광경이 눈에 들어왔다.

이게 '페탕크'라는 거구나. 크기가 야구공보다는 커 보인다. 쇠공처럼 보이는 게 들면 꽤 묵직해 보인다. 공을 치는 폼은 볼링을 할 때와 비슷해 보인다. 편을 갈라 경기를 한다. 잘했을 때는 서로 손뼉을 치며 하이파이브를 한다.

영감 생각이 났다. 우리 영감은 게이트볼 동네 선수다. 그러니 이 장면을 보고 어찌 발걸음이 안 멎으리. 밥은 잘 챙겨 먹고 있나? 무심한 할망구는 프랑스 남쪽 끄트머리에서 혼자 덜렁덜렁 자유롭게 거리를 걷고 있는데…. 잠시 미안한 마음이 든다. 40년을 함께 긴밀한 소속감을 가지고 살아왔다. '내가 영감에게 시집왔다는 이유로 해마다 빠지지 않고 내 조상이 아닌 영감네 조상들 제사상 차려드렸고, 내

292

친정붙이가 아닌 영감네 피붙이들 속에서 살아왔다. 불과 몇 년 전부터 1년에 한두 차례 그 속에서 빠져나와 혼자만의 즐거움을 누려보는 호사를 가지게 되었는데, 이 정도는 괜찮잖아.' 하며 혼자 변명 아닌 변호를 해본다.

버스 터미널에서 버스 노선을 알기 위해 찍은 사진이 전부다. 그나마 그것을 의지하여 구시가를 찾아간다. 이동 중에 인터넷을 검색해보니, 개인 블로그는 온통 '생폴 드 방스'라고 하면서 생폴만 포스팅이 되어 있다. 방스에 대한 포스팅은 거의 없다. 겨우 웹사이트에서 한 곳을 찾았다. 마티스가 실내 인테리어를 한 작은 예배당을 언급해 났을 뿐이다.

발길 닿는 대로 가다가 눈에 들어온 학교 앞 풍경. 아이를 데리러 온 엄마, 아빠, 할머니, 할아버지. 어디든 사람 사는 곳은 다 같다. 하루 이틀 보는 것도 아닌데도, 내 동네 바로 옆에 있는 초등학교에서도 매일 만나는 풍경임에도 한참을 흐뭇한 마음으로 지켜보고 사진

을 찍어 댔다. 피부색이 달라도, 언어가 달라도, 사는 데가 비행기를 타고 열몇 시간을 가야 하는 거리에 있어도 삶의 방식은 같다는 것을 알게 된 반가움에서일까. 아니면 안도감에서일까. 문득 머리를 스치고 지나가는 생각 하나. 바벨탑 앞에 수많은 사람들이 모였을 때, '하느님께서는 놀라시고, 이 사람들을 이대로 두어서는 안 되겠다. 저러다가 마음이 모여 무슨 짓을 할지 모른다 우려되어, 그들을 여러 도시로 뿔뿔이 흩어지게 하시고, 언어도 갈라놓으셨다.' 만약 그때 하느님께서 그렇게 하지 않으셨다면 여행이 얼마나 재미없고 시시할까 하는 생각을 했다. 어쩌면 여행은 낯섦에 대한 갈망인지도 모르겠다.

두 시간여의 도시 탐색 중 상가 곳곳에 붙어 있는 50~70퍼센트 할인에 현혹되어 블라우스 두 장과 가방 하나를 샀다. 가격이 아주 싸고 제품도 좋다. 그리고 버스 터미널로 돌아오는 길, 어느 쪽 방향으로 가야 할지 갈피를 못 잡겠다. 지나가는 할머니에게 물으니 고개를 절레절레 젓는다. 우리 옆을 지나가던 아이가 내 말을 들은 듯, 미소를 보내며 자기를 따라오란다. 버스 터미널에 도착해 니스행 버스를 찾아 주고 내가 버스에 올라타 좌석에 앉는 것을 보고서는, 손을 가볍게 흔들며 인사를 하고 멀어지려 한다. 그 모습이 너무 예뻐 사진 찍고 싶다는 뜻으로 휴대폰을 들고 흔들었다. 내 뜻을 알아차렸는지 다시 돌아와 창가에 대고 포즈를 취해준다. 순간 이 예쁜 아이의 친절과

미소가 나를 얼마나 행복하게 했는지. 지금도 그때 찰나의 느낌이 그립다.

어쩌면 여행이란 어떤 목적을 가지고 떠난다는 것은 이유와 핑계일 뿐, 소소한 순간의 느낌과 행복이 그리워서 떠나는 게 아닐까 싶다.

니스에서의 마지막 날
··· 천사표 치즈

방스에서 다시 버스로 니스에 도착. 숙소에 들어가니 친구는 벌써 들어와 쉬고 있다. 생폴 드 방스가 그렇게 좋더냐고 묻는다. 생폴도 좋고 방스도 좋다고 했다. "생폴과 방스가 다른 곳이었어?" 하며 놀란다. 기가 차다는 듯 웃으며 "세상에 생폴 드 방스가 같은 동네인 줄로만 알았는데…." 하며 테이블 위를 자랑스럽게 가리킨다.

내가 오면 같이 마시려고 오늘도 맥주 두 캔을 준비해 둔 친구. 자랑스레 천사표 치즈를 들어 보인다.

"어머나, 이것 어디서 샀어?"

"맥주 사러 마트에 들어가니까 이게 보이더라고."

천사표 치즈(Caprice des Dieux)는 천사 그림이 보이길래 내가 붙인 이름인데, 스위스 여행 때 스위스 민박집 사장님께서 맛보여 주셨다.

치즈를 좋아하지 않는 내 입에도 너무 맛있어 몇 개를 사와서 며느리에게 줬다. 며느리도 너무 맛있었다면서 또 먹고 싶어 인터넷을 뒤져겨우 2개를 구입했단다. '그 정도로 맛있었어?'

그래서 이번 프랑스 여행 때 많이 구입해서 가려고 벼르고 있었다.

며칠 전 툴루즈 여행 때, 툴루즈 마트에서 천사표 치즈를 발견하고기뻐서 그 자리에서 며느리에게 사진을 찍어 보내기도 했다. 그때는여행 일정이 많이 남아서 패스했는데 오늘이 니스 마지막 날. 내일 파리로 가서 하룻밤 자고 다음 날 한국으로 돌아가는 일정이다. 오늘을놓쳐서는 안 되겠다 싶어 친구 손을 잡아끌고 밤거리로 천사표 치즈를 사러 나왔다.

동네 몇 바퀴를 돌아도 친구가 마트를 못 찾는다. 호텔로 올 때, 보이던 마트에 그냥 들어가서 위치 파악이 잘 안 된 거다. 여기저기 보이는 마트마다 모두 들어가 봤지만 천사표 치즈는 없었다. 포기하고 오는 길에 숙소 근처에 있는 또 다른 마트. 마지막으로 한 번만 더 가 보자 하고 들어갔다. 어머나!! 천사표 치즈가 있었다. 아주 많~~이. 그것도 친구가 산 가격보다 1유로나 더 싸다.

친구와 나는 반갑고 신이 났다. 이런 것을 보고 전화위복이라 한다 며 흥분이 되어서 바구니에 치즈를 막 담았다. 담다가 생각이 났다.

"아, 이 치즈 유통기간이 있어." 하며 날짜를 찾아 들여다보니 '22.01.16, 24.01.16, 28.01.16' 등등이다. 친구도 같이 들여다보며 "아이쿠, 걱정도 팔자야. 날짜가 한참이야. 22년도까지네." 한다.

"그럴 리가? 이게…." 날짜를 보며 갸웃거리고 있는데 "치즈는 발 효식품이라 오래 놔둬도 돼. 오래 놔둘수록 좋지." 하며 단호하게 말 한다.

논리적인 말에 훅 넘어갔다. "그렇지. 발효식품은…" 신나게 담다 가 파리까지 들고 갈 일이 슬며시 걱정스러워 "내일 파리에 가서 더 사자."며 덜어내기도 하고 다시 담기도 했다. 두 할매는 1유로 싼 것 에 마음이 팔렸다.

기분이 한껏 업되어 숙소로 돌아왔다. 그도 그럴 것이 천사표 치즈 는 300그램, 200그램, 100그램이 있는데 300그램이 대충 3~4유로이 니까 3분의 1이 싼 것이다.

친구와 나는 반갑고 신이 났다. 이런 것을 보고
전화위복이라 한다며 흥분이 되어서
바구니에 치즈를 막 담았다.
두 할매는 1유로 싼 것에 마음이 팔렸다.

내일이면 남부여행이 끝나고 드디어 파리로 가는 날이다. 풍성한 수확에 두 할매는 신이 나서 캐리어를 정리했다. 신나게 캐리어와 가방에 천사표 치즈를 나누어 담는데, 번쩍! 머리에 번개가 스치고 지나간다. 유통기간을 다시 본다. 깜짝 놀라는 나를 보고 친구가 "왜?" 묻는다.

"어떻게 해, 날짜를 잘못 봤어." 이거 22년이 아니라 22일이야. 친구는 또 우긴다.

"그런 게 어딨어. 아휴 맞아! 날짜 표기가 이렇게 되어 있잖아." 하며 날짜 적힌 것을 내 눈앞에 들이민다. 그 순간 왜 그리 웃음이 나는지. 황당한 상황에 깔깔 대고 웃어 댔다.

언제부턴가 나이가 들어가는 나를 잘 믿지 못하게 되었고, 누군가가 강하게 말하면 그런가? 하고 넘어간다. 이번에는 넘어갈 상황이 아니다. 아니야, 아니야를 연속으로 외쳤다. 그러나 이미 아~ 내 탓이오! 내 탓이오!

친구는 자유여행이 처음이다. 그동안 패키지만 다녔으니 여행사에 여권만 주면, 본인이 처리해야 할 일은 아무것도 없었을 것이다. 쇼핑도 개인적으로 할 일이 없다. 그러니 이런 것에 익숙지 않은 것은 당연지사. 반대로 그동안 나는 모든 일을 스스로 처리했었다. 항공권 구입, 열차표 구입, 호텔 예약 등등에 얼마나 많이 날짜를 입력해 왔나.

그럼에도 불구하고 실수를 한다. 세월의 흐름을 어떡하라고. 이제는 내가 날 믿지 못할 때가 온 것이다. 기쁨은 고민으로 변하고, 며느리가 이 많은 치즈를 기간 내에 다 먹을 수 있을지….

다음 날, 니스 공항에서 할매들의 주책은 계속되었다.

니스
코트다쥐르 공항에서

니스에서 파리까지는 에어프랑스를 타고 갔다. 프로모션 가격으로 1인당 6만 6400원. 프로모션 티켓 가격은 환불 불가로 일반 티켓의 절반 가격이다. 겨울인데 이날따라 사람들은 왜 이리 많은지. 꽤 긴 시간을 기다려 캐리어를 부치려고 무게를 달았다. 기준치 무게를 넘었으니 추가 비용 30유로를 내란다. 아! 그 생각을 미처 못 했구나. 저가항공은 한계치가 10킬로그램이다. 천사표 치즈를 꽉꽉 눌러서 담았으니.

30유로가 아까워서 우리는 캐리어를 도로 들고 나와 급한 마음에 남의 이목도 신경쓰지 않고 공항 바닥에 캐리어를 풀어헤치고 짐을 들어냈다. 캐리어를 열고 천사표 치즈를 막 들어내는데, 문제는 여유

가방이 없었다. 에고. 그렇다고 천사표 치즈를 양손에 들고 탈 수는 없는 노릇.

에이, 편하게 짐을 부치자는 마음으로, 다시 꾸역꾸역 캐리어에 치즈를 쑤셔 넣고 30유로씩 더 냈다. 억울했지만 어쩔 수 없었다. 치즈 한 개에 1유로 싸다고 좋아서 욕심을 냈더니, 일이 이렇게 되는구나.

파리에서의 마지막 날, 팡테옹과 한 블록 떨어져 있는 곳에 숙소를 정했다. 이곳은 1885년부터 1년 동안 심리학자 프로이트가 머물렀던 곳이라며 가이드북에서 추천하는 곳이다. 객실은 심플하지만 조용하고 깔끔하다. 오후에 파리에 도착한 우리는 팡테옹보다 천사표 치즈 사는 것이 우선순위였다. 숙소를 나와서 마트를 찾았다. 그런데 이곳

에는 큰 마트가 없다. 워낙 유명한 관광 거리여서인지 작은 마트만 골목마다 있을 뿐이다. 들어가 천사표 치즈를 찾으니 가격이 두 배다. 사람의 심리란 참 이상해서 앞서 천사표 치즈를 싼 가격에 샀던 터라 비싼 가격으로는 사고 싶지가 않다. 몇 군데를 들락거리다가 겨우 몇 개만 더 샀다.

여행의 마지막 날을 천사표 치즈로 하루를 설쳐댔지만, 이대로 넘길 순 없다 싶어 팡테옹 앞 카페에서 다음 여행을 위하여 친구와 건배를 했다.

할매가 추천하는 프랑스 여행 일정

★ **1주 여행이라면**

파리 7일 or 파리 4일 / 리옹 3일

파리 리옹 역(Gare De Lyon) ➡ 리옹

★ **부모님과 함께 떠나는 여행이라면**

파리 4일 / 알자스 3일(스트라스부르, 콜마르, 리크위르, 리보빌레)

파리 동역(Gare De Est) ➡ 스트라스부르 3박(콜마르 or 리크위르 당일치기) ➡ 파리

★ **15일 여행이라면**

파리 5일 / 리옹 3일 / 남부여행 7일[프로방스 알프 코트다쥐르 7일(마르세유,
엑상, 아비뇽, 아를)]

파리 리옹 역(Gare De Lyon) ➡ 리옹 ➡ 마르세유 4박(이프 섬 당일치기 ➡ 엑상프로방스
당일치기) ➡ 아비뇽 3박(아를 ➡ 생레미) ➡ 파리

★ **20일 여행이라면**

파리 5일 / 리옹 2일 / 남부여행 12일

(리비에라 - 코트다쥐르[니스 4박(➡ 모나코 당일치기, 생폴➡ 방스 당일치기] ➡ 프로방스
알프 코트다쥐르 6박[마르세유 3박(➡ 이프 섬 당일치기, 엑상프로방스 당일치기) ➡ 아비
뇽 3박(➡ 아를 당일치기) ➡ 미디 피레네 3박 [툴루즈 3박, 알비(당일치기)] ➡ 파리

자유여행이 처음인가요? 이렇게 해보세요!

❶ 가고 싶은 나라를 정하세요.

❷ 그 나라 공항을 알아보세요. 프랑스까지 걸어갈 수는 없잖아요. 포털 사이트 검색창에 '프랑스 공항'이라고 쳐보세요. 공항 이름이 무수히 나올 거예요.

❸ 비행기 표를 구해야죠. 국적기는 '대한항공', '아시아나' 홈페이지 들어가서 요금을 알아보세요. 여름 성수기 때라면 입이 쩍 벌어질 수도 있어요. 그렇다면 여행사 홈페이지에 들어가서 다른 나라 항공권도 알아보세요. 조금 싸게 구입할 수도 있어요. 더 싸게 구입하고 싶다면 서두르세요. 3개월, 6개월 전이면 더 좋겠네요. '일찍 일어나는 새가 벌레를 잡는다.'라는 속담도 있잖아요.

❹ 이제 가고 싶은 도시를 정하세요. 어떤 도시가 있는지 모르겠다고요? '프랑스 도시' 또는 '프랑스 여행'이라고 검색 해보세요. 유명한 도시가 다 나올 거예요. 사람들이 어떤 도시를 많이 가는지도 알게 될 거예요. 처음에는 이렇게 시작하는 거예요. 자유여행을 처음 갈 때는 많은 사람들이 가는 곳으로 가야만 정보가 많아서 길도 쉽게 찾을 수 있고 두려움이 안 생겨요. 조금 여행이 익숙해지면, 여행자들이 많이 가지 않는 작은 마을도 찾아가고요.

❺ 이제는 구글 지도를 펼치세요. 구글맵이 나오면 '프랑스'를 검색해 보세요. 지도가 작게 나오면 +를 눌러서 확대하세요. 가고 싶은 도시를 찾아 어디쯤 위치하고 있나 보세요. 길 찾기를 눌러서 이동할 경로를 알아보세요. 그러면 지도에 파란 줄로 이동 경로가 보이고, 이동 거리와 시간도 보여요. 그러면 내가 어디에서 어디로 이동을 해야 좋은지 느낌이 올 거예요. 이 정도만 해도 여행 준비 절반은 한 거예요.

❻ 가고 싶은 도시를 정했으면, 어떻게 이동할 것인가를 생각해야죠. 기차로 가는 것이 좋은지, 버스로 가야 좋은지. 이런 것을 알아볼 때는 인터넷 블로그나 카페가 최고죠. 물론 가이드북도 필요하죠. 알찬 인터넷 블로그는 가이드북보다 더 상세한 면이 있답니다. 거기다 댓글로 물어볼 수도 있잖아요. 블로그 '쥔장'은 대부분 친절하게 답변을 달아줍니다. 가이드북은 커뮤니케이션이 안 되잖아요. ^-^

❼ 숙소 예약을 해야죠. 가고 싶은 나라와 도시를 선택했다면 다음은 그 도시에서 머물 숙소 예약입니다. '호텔 예약' 이라고 검색하면 여러 곳이 나옵니다. 모두 한국어로 가능해서 어렵지 않습니다. 숙박 요금은 날짜에 따라 많이 다릅니다. 일찍 예약할수록 저렴합니다. 처음 예약할 때는 무료 취소 조건으로 예약을 하세요. 위험 부담이 없습니다. 실수해서 돈을 날리면 어떻게 하나, 걱정 하지 마세요. 학습비라고 치면 마음이 편합니다. 한 번 실수하면 두 번 실수는 안 하게 되니까요. 한 번 실수로 돈을 날렸다 하더라도 패키지 요금과는 비교가 안 됩니다. 밑천 안 드리고 장사할 수 있나요. ^^

❽ 이제 다 되었다면 메모를 하세요. 첫째 날, 둘째 날, 셋째 날, 찾아갈 호텔, 가보고 싶은 관광 명소와 이동 방법(버스, 지하철), 이동 경로를 알아본 대로 적어보세요. 현지에 가면 다를 수도 있지만, 여기까지만 준비해도 여행지에서는 충분하답니다.